教育部人文社会科学研究青年基金项目(23YJCZH168)
南京邮电大学引进人才人文社科研究启动基金项目(NYY222039)
国家自然科学基金面上项目(71871056)

信息可视化中的视场转换损耗：
面向决策的注意管理与心智地图构建

彭宁玥 / 著

东南大学出版社
SOUTHEAST UNIVERSITY PRESS
·南京·

图书在版编目(CIP)数据

信息可视化中的视场转换损耗：面向决策的注意管理与心智地图构建 / 彭宁玥著. -- 南京：东南大学出版社，2024.12. -- ISBN 978-7-5766-1696-5

Ⅰ. TP31

中国国家版本馆 CIP 数据核字第 2024ML0738 号

责任编辑:杨　凡　　　　　　　　责任校对:韩小亮
封面设计:彭宁玥　　封面制作:毕　真　　责任印制:周荣虎

信息可视化中的视场转换损耗:面向决策的注意管理与心智地图构建
Xinxi Keshihua Zhong De Shichang Zhuanhuan Sunhao:
Mianxiang Juece De Zhuyi Guanli Yu Xinzhi Ditu Goujian

著　　者	彭宁玥
出版发行	东南大学出版社
出 版 人	白云飞
社　　址	南京市四牌楼 2 号(邮编:210096)
网　　址	http://www.seupress.com
经　　销	全国各地新华书店
印　　刷	广东虎彩云印刷有限公司
开　　本	700 mm×1 000 mm　1/16
印　　张	14.5
字　　数	265 千字
版　　次	2024 年 12 月第 1 版
印　　次	2024 年 12 月第 1 次印刷
书　　号	ISBN 978-7-5766-1696-5
定　　价	79.00 元

本社图书若有印装质量问题,请直接与营销部联系,电话:025-83791830。

献给我的母亲刘宁女士

犹记得二〇一八年深秋初访多伦多的那段日子。走在陌生的街道上,听着耳畔不熟悉的语言,擦肩而过的是不同肤色的人群,这一切让我对这座城市充满了陌生甚至恐惧。住了一段时间后,我渐渐熟悉了这座城市的布局,熟悉了萦绕在我身边的语言,结识了新的同事与朋友,最初的陌生感慢慢褪去。我适应了这座城市,接受了这座城市,最终也爱上了这座城市。那段经历一直促使我思考这样的一个问题:面对日益复杂的人机交互环境,我们是否如同刚踏进一座陌生的城市,也存在适应阶段呢?如果存在,那么我们该如何定义它呢?倘若能验证它的存在,那么又如何从设计的角度去尽可能地缩短这段适应期,从而使得人机交互中的过渡更为顺畅?这些问题不断地在我脑中翻滚,同时我的博士研究课题与研究内容也在脑中酝酿。

我的博士研究旨在解决多视图信息可视化空间中的注意管理和心智迷航问题。之所以选择多视图可视化,是因为相较于单一的可视化视图,它能够更有效地平衡有限的显示空间与可视化编码的时空复杂性,并且在安全攸关领域成为主流的可视化工具和人的认知延伸,然而视图间的语义差异性、可视化编码差异性以及视觉表征的差异性势必会影响人的视觉浏览连贯性,而视觉注意连贯性的破坏又将会影响人的认知和决策。因此,揭示视图间的差异性对人的视觉浏览以及决策认知的影响机理至关重要。它不仅能够为我们揭秘人在与多视图信息可视化交互过程中的认知和行为特征,同时也能够为多视图信息可视化开拓更多的设计优化空间。

本书以提升用户可视分析和决策效率为导向,将语言学、人因工程学、实验心理学中的研究思维和研究范式融合至信息可视化设计和可用性评估中。书中提出了"视场转换损耗"概念,并针对其影响因素、影响机制和调节方式进行了全面且详尽的研究。本书在撰写过程中参阅了大量国内外理论与实验研究成果,旨在站在前人的研究高度之上,从更新的角度、更细化的粒度提出对于多视图信息可视化空间的见解。本书虽尽可能地标注了参阅文献的出处,但百密一疏在所难免,敬请谅解。

本书的起点源于对于生活中一段奇妙经历的思考,其研究结论也最终将回归生活。在日渐纷繁的信息化时代,作为设计研究者,我们始终期望能够为人们的认知、决策和行为提供更为便捷的工具,真正做到去复杂化,为人的认知卸载。笔者希望能够通过此书为从事信息可视化研究的同仁们抛砖引玉,为从事信息可视化的设计师们提供理论参考。由于笔者认知水平有限,书中若有阐述不当之处,敬请各位读者批评指正。

诚以为序。

彭宁玥

二〇二四年四月于南京邮电大学仙林校区

　　随着大数据和智能时代的到来,人们沉浸在由数据、信息和交互媒介构成的信息空间中。信息空间的不断丰富极大地拓展了人类进行可视分析、决策与判断的渠道,但同时也让信息可视化设计面临挑战。单一视图的可视化已无法有效地对海量、多维、结构复杂且高频率更新的信息进行视觉表征和呈现。此时,多视图信息可视化呈现方式成为新型信息可视化呈现形态,被广泛应用于大型可视分析平台和安全攸关系统的界面设计中。在多视图呈现环境中,用户需要频繁地在视图间进行注意焦点的切换以获取决策信息线索,并构建对于整体信息空间结构的理解。在此情况下,场景的切换会导致用户对于自己在信息空间中所处的位置以及当前位置与其他信息节点间的关联等缺少充分的认知,因而产生"迷航现象"。迷航现象是导致决策线索获取与判断效率低下的重要原因。

　　本书以提升用户可视分析和决策效率为导向,将语言学、人因工程学、实验心理学中的研究思维和研究范式融合至信息可视化设计和可用性评估中,以信息可视化空间、决策空间和认知空间为立足点,将研究聚焦于决策者在信息可视化空间中获取并整合决策线索的这一过程,针对多视图信息可视化中因视场转换而产生的视场转换损耗问题展开了全面且详细的研究。本书的主要研究工作和创新点包括:

　　(1)基于概念隐喻理论建立了实体空间与信息可视化空间之间的概念映射,提出了信息可视化空间中要素层次模型、决策任务分层体系,以及构建了人与多视图信息可视化空间交互认知概念模型。

　　(2)从多视图信息可视化中的认知流程以及注意管理和心智地图构建这两个核心认知要素出发,提出了多视图信息可视化空间中的视场转换损耗概念,分析了视场转换损耗的表现形式、产生机理和影响因素,构建了视场转换损耗概念体系的基本框架。

（3）通过构建"听觉辨识—目标计数"双任务环境,验证了多视图可视化空间中视场转换损耗的存在,分析了视觉线索以及工作记忆卸载对视场转换损耗的影响,定量地比较了不同信息密度、不同视图呈现方式和信息编码条件下所产生的视场转换损耗。

（4）基于理论分析与实验研究结果,从降低视场转换损耗的角度提出了相应的人机交互信息可视化界面的设计策略。

本书基于跨学科的研究思路为信息可视化设计提供了理论借鉴;提出的视场转换损耗概念细化了信息可视化中视觉相关研究粒度,拓展了人们对多视图信息可视化中视觉注意的理解与研究深度。本书提出的设计策略有助于解决二维多视图信息可视化空间中用户的注意管理和心智地图构建问题。书中提出的视场转换损耗概念体系、研究思路以及实验研究方法能够为人机交互、用户体验设计等领域的研究者提供后续研究的理论基础,同时也可为相关设计人员提供设计方法论指引。

第一章　绪论 ·· 001

1.1　研究背景及意义 ··· 002

1.2　国内外研究现状 ··· 005

　　1.2.1　信息可视化空间中的决策相关研究 ··············· 005

　　1.2.2　信息可视化空间中的空间要素相关研究 ··········· 007

　　1.2.3　信息可视化空间中的人因要素相关研究 ··········· 009

　　1.2.4　信息可视化空间中的设计要素相关研究 ··········· 011

　　1.2.5　信息可视化领域中的多学科交叉研究范式 ········· 013

1.3　课题研究内容与本书结构 ································· 015

　　1.3.1　课题研究内容 ······························· 015

　　1.3.2　本书结构 ································· 016

第二章　信息可视化中的空间属性分析 ····················· 019

2.1　概念隐喻的基本理论概述 ································· 020

　　2.1.1　概念隐喻的含义与核心 ····················· 020

　　2.1.2　概念隐喻的根基与分类 ····················· 023

　　2.1.3　空间隐喻的概念及映射框架 ················· 024

2.2　从实体空间到信息可视化空间 ····················· 026

　　2.2.1　实体空间中的要素分析 ····················· 026

　　2.2.2　信息可视化空间中的要素分析 ··············· 031

　　2.2.3　从实体空间到信息可视化空间的概念隐喻映射 ··· 037

2.3　信息可视化空间中的要素层次模型 ················· 039

本章小结 ·· 041

第三章　多视图信息可视化呈现与决策任务特性分析 ·············· 043

　3.1　信息可视化中的多视图呈现方式 ······················· 044

　　3.1.1　多视图信息可视化中的时间、空间与结构特征 ······· 044

　　3.1.2　多识图信息可视化形式 ························· 047

　　3.1.3　多视图信息可视化形式在 TSS-Cube 中的映射 ······· 055

　　3.1.4　多视图信息可视化中的视场转换 ··············· 057

　3.2　多视图信息可视化中的决策任务体系 ··············· 060

　　3.2.1　信息可视化空间中的决策任务体系 ··············· 060

　　3.2.2　基于多视图信息可视化的决策任务 ··············· 061

　　3.2.3　基于多视图信息可视化的决策任务体系 ··········· 065

　3.3　多视图信息可视化中的交互认知流程 ··············· 066

　　3.3.1　认知流程研究概述 ························· 067

　　3.3.2　人与多视图信息可视化中的交互认知流程 ········· 067

　本章小结 ······································ 069

第四章　信息可视化空间中的视场转换损耗理论研究 ·········· 071

　4.1　视场转换损耗概念的提出 ······················· 072

　　4.1.1　转换损耗的定义 ··························· 072

　　4.1.2　视场转换损耗的定义 ······················· 073

　4.2　视场转换损耗的表现形式 ······················· 074

　　4.2.1　注意管理中的视场转换损耗 ··············· 074

　　4.2.2　心智地图构建中的视场转换损耗 ············· 077

　4.3　视场转换损耗的产生机理 ······················· 079

　　4.3.1　视场转换中的认知控制 ··············· 079

　　4.3.2　来自历史浏览视场的前摄干扰 ··············· 081

　　4.3.3　来自对当前视场的场景适应 ··············· 082

　4.4　视场转换损耗的影响因素 ······················· 083

　　4.4.1　视场转换损耗的内源性影响因素 ············· 083

　　4.4.2　视场转换损耗的外源性影响因素 ············· 084

　4.5　对视场转换损耗的实验验证 ····················· 087

　　4.5.1　对可视化中信息的视觉加工过程的探索 ·········· 087

  4.5.2 视场转换过程中注意管理的概念模型构建 ·············· 088

  4.5.3 对视场转换损耗和注意管理概念模型的实验验证 ·········· 090

  4.5.4 对视场转换损耗的验证实验总结与设计策略 ·········· 104

本章小结 ·· 106

第五章 视觉线索对视场转换损耗的影响研究 ·················· 107

 5.1 色彩作为视觉线索的可行性初探 ·············· 108

 5.2 并置式多视图呈现中视觉线索对视场转换损耗的影响 ·········· 109

  5.2.1 研究目的 ····································· 109

  5.2.2 总体研究方法与假设 ························· 109

  5.2.3 实验方法 ····································· 110

  5.2.4 数据分析结果 ······························· 116

  5.2.5 实验讨论 ····································· 121

  5.2.6 实验总结 ····································· 123

 5.3 序列式多视图呈现中视觉线索对视场转换损耗的影响 ········ 125

  5.3.1 研究目的 ····································· 125

  5.3.2 实验任务范式与假设 ························· 126

  5.3.3 实验方法 ····································· 126

  5.3.4 数据分析结果 ······························· 131

  5.3.5 实验讨论与小结 ··························· 135

 5.4 基于实例的序列式多视图呈现中的视觉启动线索有效性验证 ···· 136

  5.4.1 可视化数据集 ······························· 136

  5.4.2 实验方法 ····································· 136

  5.4.3 数据分析结果 ······························· 140

  5.4.4 实验讨论与小结 ··························· 144

 5.5 对启动线索实验及其跟进实验的总结 ·········· 145

  5.5.1 实验总结 ····································· 145

  5.5.2 设计策略 ····································· 146

本章小结 ·· 147

第六章 工作记忆卸载对视场转换损耗的影响研究 ············ 149

 6.1 心智地图构建中的工作记忆 ················ 150

　　　6.1.1　空间-时态数据可视化中的工作记忆 ·················· 150

　　　6.1.2　层级地理数据可视化中的工作记忆 ················· 151

　6.2　视图呈现方式对心智地图构建和视场转换损耗的影响 ·········· 153

　　　6.2.1　研究目的 ································· 153

　　　6.2.2　实验任务范式与假设 ······················· 153

　　　6.2.3　实验方法 ······················· 155

　　　6.2.4　数据分析结果 ······················· 160

　　　6.2.5　实验讨论 ······················· 163

　　　6.2.6　实验总结与设计策略 ······················· 165

　6.3　概览视图对心智地图构建和视场转换损耗的影响 ·········· 166

　　　6.3.1　研究目的 ······················· 166

　　　6.3.2　实验任务范式与假设 ······················· 166

　　　6.3.3　实验方法 ······················· 167

　　　6.3.4　数据分析结果 ······················· 171

　　　6.3.5　实验讨论 ······················· 177

　　　6.3.6　实验总结与设计策略 ······················· 178

　本章小结 ····································· 179

第七章　总结与展望 ································ 181

　7.1　本书工作总结 ···························· 182

　7.2　研究展望 ····························· 183

参考文献 ······································ 185

后记 ·· 212

图目录

图 1-1　信息可视化空间在人与智能化信息系统交互中的应用场景 ··· 003

图 1-2　信息空间、认知空间、决策空间、可视化空间之间的关联 ········· 004

图 1-3　本书结构图 ··· 017

图 2-1　从源域到目标域的映射关系图示 ··························· 021

图 2-2　信息、信息可视化空间、心理表征空间和行为空间的关系图示

　　　　·· 025

图 2-3　从实体空间到信息可视化空间的概念隐喻映射基础框架图 ··· 026

图 2-4　Lynch 基于城市空间提出的五类核心要素示意图············· 027

图 2-5　按照参考物特征和时间特征划分的四类空间参考系图示 ····· 028

图 2-6　实体空间中存在的最佳路径与实际路径概念图示 ··········· 029

图 2-7　实体空间中各存在要素及其相互作用关系图示 ··········· 031

图 2-8　基于层次化人机界面结构模型修正的信息可视化空间呈现对象层次
　　　　关系图示 ··· 032

图 2-9　对 MAP YOUR MOVES 可视化案例的可视化呈现对象解构图

　　　　·· 033

图 2-10　基于注意导向的决策与基于心智地图的决策示意图 ··········· 034

图 2-11　用户对于视觉注意焦点的控制与管理(基于注意导向的决策)图示

　　　　·· 035

图 2-12　信息可视化空间中的心智地图(以拿破仑行军图为例) ········· 036

图 2-13　色彩编码作为视知觉地标在信息可视化中的应用案例 ········· 038

图 2-14　信息可视化空间中的"路径"概念示意图 ··················· 038

图 2-15　信息可视化空间中的要素层次模型简图 ··················· 040

图 3-1　信息可视化空间中视场的概念图示 ······················· 044

图 3-2　多视场在人机交互界面和信息可视化设计中的应用 ··········· 046

图 3-3　"时间-空间-结构/语义接近性"三维立方体 ··············· 047

图 3-4　核电安全监控界面中的单一视图可视化呈现 ··············· 048

图 3-5　通过视图过滤器对单一视图中的信息进行分拣和过滤 ········ 048

图 3-6　面向全球统计的听众心目中最佳创作歌手随时间的变化趋势

（1960—2010 年）·············· 049

图 3-7　鱼眼视图和"焦点＋上下文"视图在信息可视化中的应用 ····· 050

图 3-8　"概览＋细节"视图在信息可视化中的应用 ············· 051

图 3-9　概览视图与细节视图之间的两种耦合模式 ············· 051

图 3-10　语义可缩放呈现中的纵向导航与横向导航图示 ········· 052

图 3-11　三类典型多视图呈现形式在信息可视化中的应用案例 ······· 054

图 3-12　序列呈现的多视图可视化呈现中不同的过渡形式 ········ 055

图 3-13　表征方式变化且信息内容变化的视场转换样例 ········· 057

图 3-14　视点平移和比例缩放情境中的视场转换样例 ·········· 058

图 3-15　时序更新（序列切换）情境中的视场转换样例 ········· 059

图 3-16　表征方式变化但信息内容不变的视场转换样例 ········· 059

图 3-17　ATF 任务框架中的约束条件图示 ················· 061

图 3-18　十六个国家人均寿命与新生儿死亡人数随时间变化的可视化

················· 062

图 3-19　多视图信息可视化空间中的决策任务体系基础框架 ······· 063

图 3-20　多视图信息可视化空间中的具体任务、相互关系和复杂程度的递变

趋势 ··················· 066

图 3-21　人与多视图信息可视化空间的交互认知概念模型 ········ 068

图 4-1　任务转换损耗实验范式图示 ·················· 073

图 4-2　模态转换损耗实验范式图示 ·················· 073

图 4-3　多视图信息可视化中的注意管理水平示意图 ··········· 075

图 4-4　多视图信息可视化中心智地图的构建示意图 ··········· 078

图 4-5　多视图信息可视化中的心智地图构建与决策的关系 ······· 079

图 4-6　视场转换中的认知控制作用机制图示 ·············· 080

图 4-7　多视图信息可视化中的前摄干扰示意图 ············· 082

图 4-8　内隐型视觉线索在多视图信息可视化中的应用案例 ······· 085

图 4-9　外显型视觉线索在多视图信息可视化中的应用案例 ······· 086

图 4-10　视场转换后的视觉加工过程功能阶段划分 ··········· 088

图 4-11　"注意重定向—视觉浏览"相继式概念模型示意图 ······· 089

图 4-12 "注意重定向—视觉浏览"并行式概念模型示意图 ⋯⋯⋯⋯⋯ 089

图 4-13 "注意重定向—视觉浏览"混合式概念模型示意图 ⋯⋯⋯⋯⋯ 090

图 4-14 基于双任务范式的视场转换损耗的验证实验框架图 ⋯⋯⋯⋯ 091

图 4-15 实验测量变量、计算变量和认知维度三者与视场转换成本量化之间的逻辑关系 ⋯⋯⋯⋯⋯⋯⋯⋯⋯⋯⋯⋯⋯⋯⋯⋯⋯⋯ 092

图 4-16 实验测试界面(左图)和实验组块的构成(右图) ⋯⋯⋯⋯⋯ 094

图 4-17 四种视场转换条件下参与者对声频信号的反应时间及成对比较 ⋯⋯⋯⋯⋯⋯⋯⋯⋯⋯⋯⋯⋯⋯⋯⋯⋯⋯⋯⋯⋯⋯⋯⋯⋯ 097

图 4-18 基于 SDT 理论的声频信号反应随时间的变化趋势 ⋯⋯⋯⋯ 098

图 4-19 四种视场转换条件下的 FAR 和 HR 及 HR 在不同时间点位的成对比较 ⋯⋯⋯⋯⋯⋯⋯⋯⋯⋯⋯⋯⋯⋯⋯⋯⋯⋯⋯⋯⋯ 100

图 4-20 有限认知资源在声频识别任务与视觉任务之间的分配示意图 ⋯⋯⋯⋯⋯⋯⋯⋯⋯⋯⋯⋯⋯⋯⋯⋯⋯⋯⋯⋯⋯⋯⋯⋯⋯⋯ 102

图 4-21 某品牌共享电车在欧洲地区的投放使用情况可视化(初始版本) ⋯⋯⋯⋯⋯⋯⋯⋯⋯⋯⋯⋯⋯⋯⋯⋯⋯⋯⋯⋯⋯⋯⋯⋯ 105

图 4-22 某品牌共享电车在欧洲地区的投放使用情况可视化(优化版本) ⋯⋯⋯⋯⋯⋯⋯⋯⋯⋯⋯⋯⋯⋯⋯⋯⋯⋯⋯⋯⋯⋯⋯⋯ 106

图 5-1 基于 GOMS 模型的实验任务核心认知模块与流程分析 ⋯⋯ 112

图 5-2 工作记忆广度测试流程 ⋯⋯⋯⋯⋯⋯⋯⋯⋯⋯⋯⋯⋯⋯ 114

图 5-3 双视图有效无彩色线索条件下某参与者产生的眼动注视轨迹图 ⋯⋯⋯⋯⋯⋯⋯⋯⋯⋯⋯⋯⋯⋯⋯⋯⋯⋯⋯⋯⋯⋯⋯⋯⋯ 115

图 5-4 各实验组别中的平均按键反应时间和总体注视点个数统计 ⋯ 117

图 5-5 各实验组别中对于每个单独视场的首轮前进式注视时间统计 ⋯⋯⋯⋯⋯⋯⋯⋯⋯⋯⋯⋯⋯⋯⋯⋯⋯⋯⋯⋯⋯⋯⋯⋯⋯⋯ 118

图 5-6 对每一个视场的总体回访次数和回访事件发生频率统计 ⋯⋯ 120

图 5-7 对每一个视场的总体回访凝视时间 ⋯⋯⋯⋯⋯⋯⋯⋯⋯ 121

图 5-8 以多色相和单一色相编码的 CleanAir 空气质量可视分析界面设计 ⋯⋯⋯⋯⋯⋯⋯⋯⋯⋯⋯⋯⋯⋯⋯⋯⋯⋯⋯⋯⋯⋯⋯⋯ 124

图 5-9 实验组块的结构示意图 ⋯⋯⋯⋯⋯⋯⋯⋯⋯⋯⋯⋯⋯⋯ 127

图 5-10 每个实验组中测试界面样式 ⋯⋯⋯⋯⋯⋯⋯⋯⋯⋯⋯ 129

图 5-11 四种色彩启动条件下的实验试次样本 ⋯⋯⋯⋯⋯⋯⋯⋯ 130

图 5-12　五种实验条件下的任务完成时间(TCT) ·············· 133

图 5-13　五种实验条件下的 TFF 及其占总体注视时间的比重 ········ 134

图 5-14　△TFF 和 $p_{\text{Invalid prioritization}}$ 在两种无效的色彩启动条件下的分布情况

·············· 135

图 5-15　视觉启动线索有效性实验界面中的各部件示意图 ·········· 137

图 5-16　RG-BC 和 IO-BC 条件中的可视化样本 ·········· 138

图 5-17　不同实验条件下的任务完成时间与注视点间距总和 ·········· 141

图 5-18　总体注视点数目与最长的注视点间距出现在注视点序列中的顺序

·············· 142

图 5-19　某实验参与者在两种可视化条件下的注视点时序分布形态 ····· 143

图 5-20　实验参与者对两种可视化的主观评估得分结果 ·········· 144

图 6-1　并置式与序列式空间-时态数据呈现方式 ·········· 151

图 6-2　层级式数据可视化中心智整合的三类目标 ·········· 152

图 6-3　实验任务中的认知阶段划分示意图 ·········· 154

图 6-4　两种实验条件下的实验界面样本 ·········· 158

图 6-5　实验前的工作记忆测试框架及流程图 ·········· 159

图 6-6　本实验流程示意图 ·········· 159

图 6-7　本实验中的任务完成时间与准确率的分布情况 ·········· 161

图 6-8　不同实验条件下对时间帧的访问和回访时间统计 ·········· 163

图 6-9　实验参与者对两种视图呈现条件的主观评估结果 ·········· 164

图 6-10　"概览＋细节"和"缩放＋平移"模式下的实验任务范式示意图····· 167

图 6-11　实验界面中的细节设计与实验测试界面整体样式 ·········· 170

图 6-12　实验基本流程 ·········· 170

图 6-13　不同实验条件下的任务完成时间、作答准确率与鼠标点击次数

·············· 172

图 6-14　两种可视化视图呈现条件中对概览图区域的点击或访问次数

·············· 174

图 6-15　"缩放＋平移"实验条件中对不同层级视图的访问次数 ········ 175

图 6-16　两种可视化条件下的鼠标点击效率 ·········· 176

图 6-17　参与者对"概览＋细节"和"缩放＋平移"两种实验条件的主观评估

结果 ·············· 176

表目录

表 2-1　信息可视化空间内的主观感知与体验 ·················· 036

表 3-1　多视图可视化呈现形式的时间、空间和结构维度接近性评判依据
　　　　 ·················· 056

表 3-2　多视图可视化呈现形式在 TSS-Cube 中的映射 ·················· 056

表 3-3　多视图信息可视化中的任务层次分类 ·················· 065

表 4-1　双任务范式中实验任务的解构与 MRT 概念模型映射结果 ······ 091

表 4-2　视觉任务界面中所包含的色彩编码及其属性值 ·········· 094

表 4-3　目标计数任务完成时间及标准差 ·················· 096

表 4-4　四种视场转换条件对于 FAR 和 HR 的主效应显著性检验结果
　　　　 ·················· 100

表 5-1　四种有彩色、四种无彩色和背景色在 CIE 色彩空间中的坐标值
　　　　 ·················· 113

表 5-2　有效线索和无效线索条件下的实验刺激样本示意 ·········· 113

表 5-3　每个实验组中的不同字符类型的色度与透明度设定方式 ····· 129

表 5-4　色彩启动效应实验中采用的眼动指标定义 ·············· 131

表 5-5　测量指标在五种测试条件下的平均值和标准差 ·········· 132

表 5-6　本实验眼动测量变量及主观评估维度的定义 ············ 139

表 6-1　本实验中的任务分类与任务描述 ·················· 154

表 6-2　本实验中所用的色彩编码色相以及成对之间的色差 ·········· 157

扫码看彩图

1

第一章　绪　论

1.1 研究背景及意义

伴随着大数据时代和人工智能时代的到来，人类由信息时代迈入大数据和智能时代。在由海量、多维度、高复杂性和强动态性的数据构成的大数据环境中，人们无时无刻不处在由智能化系统和互联网所构成的信息空间中。信息已取代能源作为 21 世纪最核心的价值驱动[1]。"信息空间"（Information Space）最早广泛应用于超文本领域，它是指包含信息（文本、图片或声音）的节点通过链接聚合而成的信息集合[2]。信息节点间相互连接而形成的拓扑结构使得"空间"的概念更加具象化[3]。随着 20 世纪八九十年代普适计算的推广，信息空间渗透至人类生产、通信交互等生活的方方面面。麻省理工学院人工智能研究团队将"信息空间"定义为一种通过结构化的、有序的信息组织方式构成的信息表征形式[4]。David Benyon 提出了与"信息空间"相并列的"活动/交互空间"的概念，并认为人机交互行为的实质是用户对于空间中信息元素的寻觅、导航与使用；而人机交互设计的核心则是对于信息空间的构建与探索[5]。信息空间为人类的决策与控制行为提供了必要的数据、信息和相应的功能。人们通过信息空间中的符号、链接以及空间结构关系在层级间以及同一层级的不同视窗/视场之间进行自由的切换，进而捕获有利于决策活动的决策信息线索。因此信息空间是支持人类决策活动的信息基础。由于视觉是人们在信息空间中获取信息线索的主要通道，因此信息可视化是人类认知和智力的拓展[6]，是沟通人与信息空间的桥梁。例如，在现代智能化装备中，用户需要根据可视化空间中呈现的各类信息的视觉表征形式进行判断与决策，从而实现人与智能化系统的协同融合[7,8]。同时，信息的可视化方式将影响用户的推理水平[9]、对信息空间的理解能力[10]和决策的时间[11]。图 1-1 展示了人与智能化信息系统可视化空间交互的几类场景。

随着大数据背景下信息体量、维度的剧增，加之信息结构的多样性和信息之间关联属性日益复杂，原有的二维信息空间正沿着时间维度和语义维度向四维信息空间延伸。单一的可视化界面难以承载现有的多维度、元素间复杂关联且信息量浩繁的信息空间的表征任务。因而出现了时间序列型呈现、空间整合型呈现以及在语义层级上关联型呈现等多层次、多视图的信息可视化界面形式，这也造成了信息可视化空间构型的多样化。传统的"人-机交互"模型以人、机二元

图 1 - 1　信息可视化空间在人与智能化信息系统交互中的应用场景

注：图(A)～图(F)中的场景依次来源于：远程重症监护，飞船发射监控，智能指挥控制系统，Twitter 社交网络使用分析，大数据支持下的投资分析与辅助决策，SpaceX"龙"飞船舱内人机交互。

论为核心，以接收、解码信息，结合目标意图完成指令的转译，输出系统的反馈为基本流程，其中"人"被视为独立于计算机的元素。然而随着"信息空间"这一概念的普及，可以将"人-机交互"重新定义为人在信息空间中的一种主动的导航与浏览行为[12]。其中人是信息空间中的导航者，而可视化空间（InfoViz Space）作为信息空间的一种抽象化与概念化表示集合[13]，为导航者提供了必要的导航辅助工具，是连接信息空间与决策空间的"桥梁"。同时，在可视化空间的设计过程中，应充分考虑人的认知特征，例如注意资源分配、工作记忆的编码与提取、心智地图构建等机理。此处引入认知空间这一概念，并将其作为人和可视化空间之间的"介质"。人在信息空间中的一切导航、探索与浏览行为的目的是获取和分析有效的线索并进行合理的推理，进而促进生成式思维[14]和问题的求解，最终指向人的行为空间。信息空间、认知和决策空间与可视化空间之间的相互关系如图 1 - 2 所示。

在可视化空间中，人们需要通过交互方式在序列呈现或并行呈现的视窗或页面之间进行切换、跳转和回溯，以寻觅完成决策任务的决策信息线索，并对线索进行效能与价值评估。然而，视窗或页面的跳转将导致可视化场景的切换。在场景切换过程中，用户对于自己在信息空间中所处的位置、当前位置与其他信息节点间的关联，以及如何到达当前位置的历史路径和将要访达的路径缺少充分的认知，因而产生"迷失/迷航效应"（Disorientation）[15,16]。可视

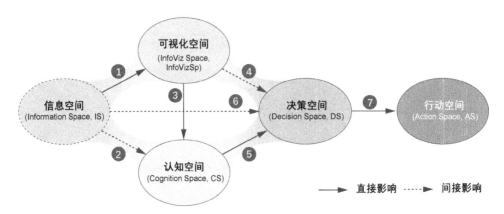

图1-2　信息空间、认知空间、决策空间、可视化空间之间的关联

① 信息空间→信息可视化空间：提供了表征的对象；② 信息空间→认知空间：提供了认知的信息基础；③ 可视化空间→认知空间：提供了认知的对象；④ 可视化空间→决策空间：决定了决策效率；⑤ 认知空间→决策空间：提供了决策的前提和认知基础；⑥ 信息空间→决策空间：提供了决策的信息基础；⑦ 决策空间→行动空间：决策输出与反馈。

化空间中的迷航效应一方面可表现为注意层面的迷航，即用户在页面转换之后难以对视觉空间注意进行重新导航，这是一种浅层次的迷失效应；另一方面表现为结构认知层面的迷航，即用户失去了对跳转前后页面之间关联性的理解，从而失去了对可视化空间乃至信息空间整体的场景意识，这是一种深层次的迷失效应。两个层面的迷航效应均可归因于视场转换打破了可视化空间中的连贯性[17]。其中第一个层面的迷航效应打破的是视知觉连贯性[18-21]，第二个层面的迷航效应则打破的是语义认知连贯性[22]。因此，试图通过可视化设计的方法提升可视化空间中的连贯性与整体性，进而提升用户对于可视化和信息空间的理解力和决策力，也是可视化空间设计中必须解决的课题。本书将以信息可视化空间中的视知觉与语义认知连贯性为出发点，在支持决策任务和效率的框架下探究如何通过可视化设计的方法影响和消解由于多视图或多页面的跳转所带来的负面效应。以下将从最宏观的课题背景关键词——"决策"切入，依次从信息可视化空间中的空间要素、人因要素和设计要素三个方面对国内外研究现状进行介绍。

1.2 国内外研究现状

1.2.1 信息可视化空间中的决策相关研究

1.2.1.1 "决策"的定义及其研究渊源

"决策"相关的研究主要集中在经济学领域、心理学领域、神经科学领域、计算机科学领域和工程学领域,其中经济学领域是决策这一概念的发源地。早期经济学研究者将"决策"的研究聚焦于"面对冲突,决策者如何做选择?"这一问题上[23],并形成了规范型(或理性)决策模型。在心理学研究领域,研究者则更强调对决策过程的解释与描述,因而形成了描述型决策研究流派[24]。规范型决策模型旨在为决策者提供理性决策的指导思路,而描述型决策则重点在于研究和描述面对困难且弱构的问题时决策者的反应与决策方式[25]。Gary Klein 于 20 世纪九十年代提出了自然决策理论[26]。该理论认为在动态、弱构以及时间压力条件下,有经验的决策者能够通过快速识别当前目标的状态而实现以识别为主的快速决策[27]。自然决策理论弥补了经典的规范型决策理论中仅适用于相对静态决策环境的弊端,它能更有效地模拟与解释在真实决策环境中决策的产生背景与机制[28]。该理论可用于解释在医疗[29,30]、能源系统监控[31]、军事指控作战系统[32]以及交通管控[33]等复杂决策领域中用户的判断与决策行为。自然决策是 Klein 针对人机系统提出的描述型决策理论模型,同认知心理学中的决策模型类似,它仅仅是对于决策过程的描述,针对决策失误、决策偏见以及决策延迟等问题依然未能提供有效的解决方案。

1.2.1.2 人因工程中的"决策"

尽管自然决策模型被广泛应用于复杂人因系统中,但如上文所言,它仍然是一种偏向解释和描述性质的理论模型与框架。在人因工程研究领域,"决策"是一个很宽泛的课题研究方向,所有人因工程的方针、指南、设计指导准则等都旨在帮助人们更好地做决策。目前,在"人在环路"(Human-in-the-loop)的人机融合思想框架下,研究者提出了通过低层次的数据处理和数据可视化方法[34],到高层次的行动方案推荐[35]等决策支持、决策辅助与人机混合决策技术试图降低用户的认知负荷，并帮助人们做出更高质量的行动规划[36,37]。目前，决策支持系统已经运用至医疗诊断[38,39]、风险应急管理及资源调配[40,41]、空中交通管制与航线规划[42,43]、作战规划[44]、产品生命周期管理[45]等领域。在智能辅助决策系统中，如何保障人与智能体的协同与深度融合，是当下人因工程研究亟待解决的问题。首先，在人机深度融合系统中，需要明确人与智能体的分工[46,47]。合理的人机分工是基于人对于智能体的决策依据、过程和原则，即保持对智能决策系统的透明度的了解[7,8,48]。仅当人充分了解智能体的决策原理时，才能对智能决策系统保持合理的理解力、解释力和信任水平[49]。与经济学和心理学中的"决策"研究范式和研究焦点不同的是，在人因工程研究中，研究者更强调针对实际应用场景提出具体的决策支持或决策辅助工具，即研究对象更聚焦于应用层面和技术开发层面；此外，虽然在智能决策相关研究中，研究者通常也会提及规范型决策模型中定义的决策所涉及的若干个阶段，但智能决策所支持的通常为某一个或几个阶段。例如，通过信息可视化的设计属于低层级的决策辅助，而通过推荐行动方案则属于高层级的决策辅助。可以将规范型决策模型作为开发智能决策系统的框架。此外，人因工程领域更强调决策的任务特性，这和第一点所提及的针对应用场景特性相呼应。

1.2.1.3　人与信息可视化空间交互过程中的"决策"

人与信息可视化空间的交互从本质上来说属于人因工程与计算机科学的交叉研究范畴。信息可视化的宗旨是帮助用户发掘信息和分析、推理信息，以此激发更多的灵感和对信息更深层次的理解。基于信息可视化的决策大致可划分为两类：第一类为以可视分析任务为目标的决策；第二类为以探索为目标的决策。可视分析型任务是一种结构化的决策任务，它以信息线索的获取和分析过程为决策输入，以确定的可视分析结果为决策输出[50]；相比较而言，探索型任务则缺乏明确的决策任务目标，是一种以决策者自我意识为中心的对信息可视化空间进行的浏览与探索，需要决策者发挥创造性思维。在安全攸关领域，人与信息可视化空间的交互可泛化为操作者与由信息可视化构成的信息界面之间的交互。例如，在核电监控场景中，操作员通过信息界面中的可视化表征与数值对反应堆的工作状态进行诊断和监控[51,52]；在飞行场景中，飞行员需要结合界面中图符、参考线甚至听觉信号对飞行器当前的飞行状态（例如航速、航向等）进行校正，对飞行态势进行感知、理解与判断[53]。在安全攸关信息系统的可视化中，研究者需要通过工作域分析方法首先对信息空间(即工作域)进行分析,梳理信息空间中的基本信息要素及其之间的关联(例如:整体-部分关系和功能-部件关系)[54],然后进入信息可视表征与呈现步骤。目前对于信息可视化空间中的决策研究大致可划分为以下几个方面:从决策者所采取的决策策略方面[55,56]、从决策者的任务完成绩效方面[57,58],以及从决策过程中所消耗的认知资源方面[59]。

1.2.1.4 本书对"决策"研究的侧重点

本书主要研究的是基于信息可视化空间的决策,因此更强调用户基于可视化所需要执行和完成的任务。从过程论的视角对"决策"进行理解与定义。本书将其视为人的信息加工流程的末端,是感知、认知与分析推理所指向的信息加工处理结果;同时,按照规范型决策的概念阐释,可以将"决策"视为决策线索的获取、加工与整合以及决策和行动执行三个认知和行动模块。并且本书提出,所有流程中的任一环节都有可能影响甚至决定最终的决策绩效和合理程度。囿于课题研究的范围,本书聚焦于信息可视化空间中的决策线索获取和整合这两个阶段。本书将通过概念隐喻的方式将信息空间、可视化空间与实体(地理)空间进行映射。受地理空间中的迷航效应启示,针对多视图可视化空间,本书主要研究了决策线索获取与整合过程中的迷航问题。以下综述内容将从信息可视化空间中的空间要素、人因要素和设计要素三部分展开。

1.2.2 信息可视化空间中的空间要素相关研究

1.2.2.1 信息可视化空间中的空间性——从城市规划学到信息可视化的迁移

"空间"是指物体或事件具有相对位置和方向的无界的三维范围[60]。在设计领域,"空间"这一概念最早应用于城市规划学研究。有学者提出了"寻路"(Way-finding)这一概念用于指代用户在环境中定位当前位置、规划和选择路径、察觉目的地以及对环境构建认知的过程[12]。此处寻路是指一种探寻目的地的行为,也可以指一种从认知层面和行为层面的定位和路径规划的能力。Darken[61]和Be-nyon[62]于20世纪九十年代开始探索将城市空间中Wayfinding和Navigation概念迁移至虚拟环境中,并提出了信息空间中的"导航"(Navigation)概念。Witten-berg随后提出信息空间与实体空间中的导航要素与概念要义存在差异,但在超文本检索[63]、超媒体[64]、电子图书阅览[65,66]和信息可视化空间[67-69]等研究领域依然使用了这一术语。在上述研究领域，导航行为由实体空间中的目的地定位衍生为在信息空间中搜寻或者浏览目标，进而建立对于信息空间的认知模型体系[70]。信息可视化空间与实体空间在结构方面存在一定程度的相似性，本书第二章将对两者的映射关系进行详细阐述。除了结构相似性之外，不论是实体空间还是信息空间，用户进行决策的前提都是建立在对于空间环境的认知与理解的基础之上。

具体来说，信息可视化空间中的空间属性主要体现为可视化中的构成元素，以及用户在其中所开展的探索、浏览、信息收集、定位目标等行为方面。然而，由于用户常常对信息空间架构和层次缺乏较为完整和清晰的概念模型，他们对于信息目标以及信息搜寻策略的认知也不尽完备。同时由于多视图可视化形式的存在，如何帮助用户提升对于分散在多个区块中的信息要素的感知能力，也是多视图信息可视化设计需要解决的核心问题之一。保持信息可视化空间中的连贯性、协同性和整体性是用户进行空间认知的关键[71]。随着信息可视化和信息可视分析工具的普及，交互式系统不仅提供了信息空间的视觉概览，还允许用户根据任务需求将权重较高的要素进行高亮呈现。视觉层级的可见性进一步体现了信息图层和视窗所构成的空间性[72,73]。

1.2.2.2 信息可视化空间认知与行为特征相关研究

在行为层面，导航过程中主要涉及定向移动、决策、实时加工处理、场景四个要素。George Furnas 将导航按照任务类型划分为搜索和浏览两类；按照导航策略划分为语言查询和导航两类[74]。其中，搜索是一种目标性的、自上而下的导航行为；浏览是一种自下而上地发现有用信息的行为。语言查询和导航分别指通过清晰的查询语言描述搜寻目标以找到相关信息的过程，以及采取"边走边看"搜索策略的导航过程。Jul 和 Furnas 又将导航行为剖解为定向移动、操纵、跨越、路径跟踪、路径查找以及认知地图建立等子过程[75]。Burns 基于核电站监控界面探究了用户在不同时空整合度下的导航行为策略。其中基于抽象层级架构的功能性相关信息是用户决策和问题求解的关键。当功能性信息在时间维度序列呈现时，用户倾向于通过浏览和不断扫视来整合相关联的信息[76]。因此 Burns 认为需要将抽象层级中功能性相关信息布局在相近位置[77]，通过接近性相容原则提升用户获取和整合信息的效率。

在心理层面,Siegel 和 White 将用户导航工具分为三类:地标、路径和概览[78]。Timpf 等认为导航的认知基础是心智地图(该概念等同于前文提及的认知地图),其中包括多层次的认知过程:(1)规划层面;(2)指向层面;(3)决策与实施层面[79]。Spence 提取了导航行为所包含的四个认知过程:(1)浏览;(2)形成认知模型;(3)对认知模型进行阐释并评估认知模型的有效性;(4)形成浏览策略。四个过程不断循环迭代进而构成了导航的行为过程。

1.2.2.3 该部分研究述评

在前人的研究中,信息的空间概念最早体现于万维网空间及超文本和超媒体空间。在此类空间中,研究者聚焦于用户在信息空间中的行为,相比之下,对于信息可视化的"空间"属性研究则相对弱化。在具有复杂信息层级、多页面和多视图的可视化系统中,同样可将实体空间中的空间认知和行为特征"迁移"至用户对于页面和视图的浏览和探索过程中。换言之,可以通过将实体空间中空间元素特征、用户认知和行为特征与信息可视化空间中的相应要素进行系统性的概念映射,从而帮助信息可视化设计研究者以及设计师更好地理解信息可视化这一研究与设计对象。

1.2.3 信息可视化空间中的人因要素相关研究

信息可视化是指通过赋予计算机程序以指令,从而将大量非空间和非结构化的复杂数据进行抽象化和可感知化的过程。在信息可视化空间中人因要素相关的研究主要是围绕人在其中的认知过程与认知特征展开。具体来说,现有研究可概括为决策影响因素、认知偏见和决策过程这三个方面。

1.2.3.1 决策影响因素相关研究

信息可视化空间中的决策影响因素可划分为内源性和外源性两部分。内源性影响因素是指来自决策者自身的压力、情绪、精神状态,以及信息空间中的任务与可视化图像交互作用对用户造成的工作负荷;外源性影响因素是指来源于决策环境的影响,例如:时间压力、空间限制、社会规范等。在内源性影响因素中,情绪[80,81]、压力[82]、工作记忆容量[83]、决策者的性格特质[84]均会对决策的过程和结果构成影响。

在信息可视化空间中决策的外源性影响因素方面，前人的研究表明，时间压力不仅能够影响最终的决策结果，还能够影响决策者在效价评估中采取的策略[85]、信息加工的速度[86]和决策的偏好[87]。此外，时间压力会增强决策的框架效应[88]，同时也会增加决策者对决策支持自动化系统的依赖程度[89]，从而导致决策结果偏离合理的轨道，出现系统性错误。从信息可视化的设计角度出发，通过信息空间层次结构的外显化[90]和功能设计与心理模型之间的匹配[91]这两种方法能够帮助决策者在复杂任务界面中进行高效决策。而不规范的设计则会通过干扰用户的视觉注意对决策带来负面影响[92]。

1.2.3.2　认知偏见相关研究

规范型决策判断模型认为，人们的决策遵循若干理性的原则，并且会产生固定的决策偏好，从而将他们的收益最大化。然而，大量研究表明人们在做决策时往往并非完全理性，而是会依据他们的直觉，甚至会违背这些理性的原则产生认知偏见。认知偏见是指人们在处理并解释信息，以及做决策时出现的系统性错误，这类系统性错误将对决策和判断的结果产生影响[93]。例如，当人们被要求在两个疾病治疗方案中做选择，其中一个方案有33%的概率拯救生命，另一个方案则有67%的致命概率，那么人们往往会倾向于选择方案一[94]，这就属于框架效应诱发的认知偏见。在信息可视化空间中，Pohl依据用户的认知与交互机制将认知偏见具体划分为记忆偏见、判断偏见和思维偏见三类[95]。其中，记忆偏见是指回顾或识别事件和信息时发生的系统性错误；思维偏见是指决策者在使用某种特定的规则或法则时所出现的系统性错误；判断偏见是指决策者在进行主观评判时所产生的系统性错误。Valdez等受Noman所提出的人的行动环路启示，将可视化研究中的偏见划分为感知偏见、行动偏见和社会（层面）偏见三类[96]。在信息可视化空间中，信息的凸显程度[97]、呈现密度[98,99]、呈现顺序[100,101]、呈现方式[102,103]、视觉表征形式[99,104]，甚至呈现的时长[105]均会从一定程度上影响用户的认知结果，并可能导致决策过程中的认知偏见。

1.2.3.3　决策过程相关研究

基于信息可视化的决策过程不仅受决策者的认知水平影响，也与可视化中的信息引导有关。首先，对于决策线索的利用情况将随决策者的知识背景和经验水平而产生差异。Oghbaie等研究表明，相对于专家用户，非专家用户虽然同样会尽力遵循理性决策的规则与流程,但他们往往会依赖于过度简化的因果推理机制[106]。不同决策者群体在决策过程中的信息加工方式差异还体现在对于认知资源随时间的动态分配情况上。除此之外,前人通过脑成像技术对决策加工过程进行解剖和分析,建立了脑生理结构与具体的决策过程之间的对应关系。例如,内侧前额叶皮层与上下文信息、方位信息、事件信息及相应的适应性反应相关,决策过程中该脑区的激活与相应信息的记忆提取有关[107];眶额叶皮层的激活与直觉型决策早期阶段有关[108];在感知决策任务中,对于感知信息的加工发生于所需要加工的信息呈现后 130~320 ms 内,而决策相关的过程则在之后发生并且需要更长的时间[109],且两者涉及不同的脑部结构。感知信息加工涉及枕部脑区,而与决策相关的加工过程需要激活顶叶和前额叶脑区[110]。

1.2.3.4 该部分研究述评

信息可视化的设计宗旨在于帮助用户发掘信息,增进对于信息的理解,提高信息搜索的能力并提升决策的合理性。因此,考虑人的因素是信息可视化空间设计的要点。前人对于决策影响因素和决策认知偏见相关的研究大多以决策结果为导向。例如,从最终用户决策结果偏离标准的程度来反推决策的过程;通过对比实验条件下决策的结果来反映具体影响因素的作用机理。虽然对于决策过程的研究更注重过程的划分,但在前人研究中对于决策过程的划分较为笼统且宏观。在可视化相关研究中,尚缺少对于信息加工过程中每一项子过程对决策过程和决策结果影响的研究。

1.2.4 信息可视化空间中的设计要素相关研究

总体而言,信息可视化空间中的可视化设计要素可分为视觉映射(Visual Mapping)与视图呈现(View Presentation)两部分[111]。视觉映射聚焦于可视化图形的结构维度[112],又可称为视觉表征。"表征"即对于变量、约束条件和物件三者间推理关系的外显化过程。视觉表征则是将抽象的信息空间具象为可以通过视觉通道进行感知和理解的对象的过程。视觉表征直接决定了人们获取、推理决策信息线索的效率,并且能够影响决策者对于智能系统的信任程度、理解力和解释力,以及决策过程中的工作负荷[113]。

1.2.4.1 视觉映射相关研究

在视觉映射方面,前人研究主要从所显示的信息维度、信息呈现格式、信息的编码方式、信息的展示维度等几个方面展开。首先,在信息可视化空间中,信息维度除了包含支持决策任务的最基本维度之外,还包括信息的属性(即元信息)和智能系统的透明度等。由于人的信息加工水平与能力有限,人的决策能力和决策质量会随着可视化中提供的信息量呈现先增长后降低的趋势[114]。同时,信息的重复性和多样性均会对决策质量造成负面影响[115]。因此,交互式可视化系统允许用户自由调节不同信息维度或数据类别的透明度,以此对信息进行过滤,从而让用户专注于当前任务中最关键的信息[116]。此外,对于元信息的可视化能够有效提升用户的概率推理水平[117],并优化决策者对于信息系统的信任水平[48,118,119]。除了提升决策能力与人-机信任水平之外,对于不确定的可视化能够降低出错率,并减少决策者在任务完成过程中的思考次数[120]。但对于信息不确定的可视化形式又会影响决策者对于不确定属性的感知。例如,相比于概要显示,整合显示能提供更强的视觉凸显性,并增进决策者对于信息显示的正确理解;但这种整体式的信息表征形式将会降低决策者对于单个数值的估测准确度[121]。除此之外,决策者对于整合式数据表征形式的风险感知评估等级会更高,但随着决策进程的推进,离散式的表征形式从总体而言更能支持决策[122]。提升信息可视化空间中的视觉感知凸显性除了能够在决策过程的早期阶段捕获决策者的注意之外,还能够影响决策结果与偏好[123]。相比于黑白线框可视化形式,彩色的可视化形式将会分散对于核心信息的注意,从而降低新手决策者的判断能力;但颜色编码能够有效地将图表中的关键信息进行高亮显示[124],同时又能增强多视图之间的视觉感知连贯性[125]。

除了信息可视化空间中的信息维度和信息的呈现方式之外,信息的显示形式也会影响决策者的认知与判断。目前较为主流的显示形式可基于显示的载体分类为基于平面显示器的二维显示、基于平面显示器的三维显示、基于虚拟现实的三维显示、增强现实显示以及混合现实显示等。研究表明,相比于传统的二维显示,基于虚拟现实显示的沉浸式可视化方式能够更有效地提升用户的工作记忆能力,支持更快速的信息搜索与定位[126],并且加深用户对于复杂结构的理解进而提高决策的绩效[127,128]。但在二维显示下,用户的空间旋转能力更强,并且对于细节的精确感知能力更为优秀[129]。

1.2.4.2 视图呈现相关研究

在信息可视化空间中的视图呈现方面,之前的研究聚焦于多视图呈现的时空关系、多视图之间的关联性、多视图的布局与空间构型等方面。与视觉映射相比,视图呈现是信息可视化空间中较高层次的设计语言,是对于整合后的视觉表征形式的呈现[130]。在复杂的信息空间中,信息层级和信息结构的复杂性会对用户的态势感知和预判能力产生影响。此时,基于工作域分析并采用生态界面设计方法能够为用户提供理解信息空间的便捷通道[51,54,131]。此外,目前可视化领域大量关于视图呈现的研究集中在多视图呈现的时空关系上。由于在第三章中将对此进行详细阐述,因此,此处仅做简要概括。具体而言,多视图呈现的时空关系包含多视图协同呈现[132,133]、基于动画的序列呈现[134-137],以及融合了多种时空关系的混合式呈现方法(例如,鱼眼视图)[138-140]。诸如界面外信息可视化(Offscreen InfoViz)也是视图呈现研究领域较新的研究方向[69,141]。迄今为止,对于多视图呈现的研究存在以下两方面特征:其一,研究聚焦于某个特定的应用领域且较为注重多视图呈现环境和平台的开发,对于底层的多视图信息感知与认知机理的研究则略显匮乏;其二,在较少的涉及多视图信息认知理解的研究中,对于"认知"的研究层次停留在较高级的态势理解、场景感知以及语义关联感知上,尚缺乏对于较为基础的感知和认知模块的研究。

1.2.4.3 该部分研究述评

与信息可视化中的空间要素和人因要素相比,设计因素相关研究较为全面,其中涵盖了从视觉表征到视图呈现再到显示维度和显示方式等方面。在众多研究中,可视化的设计方法和原则均是基于具体的任务而言,因此,研究中提出的设计方法等具有不同程度的场景依赖性。此外,多数研究中提出的设计方法或是可视化工具依赖于可视化的技术实现,而缺少对于"为什么需要如此设计?""设计方法能够辅助决策过程中的哪一个环节?"或"设计方法能够弥合人的哪一部分感知与认知局限?"问题的反思和研究。

1.2.5 信息可视化领域中的多学科交叉研究范式

对于信息可视化的研究最早可追溯至十六世纪的几何图形和地图的研究。十七世纪见证了解析几何以及对于时间、空间和距离的测量与估计技术的发展，为信息加工的研究奠定了基础。此后，视觉思维这一概念应运而生。视觉思维最早是指政府从统计图表中获得对于社会、道德、医疗及其他社会层面的启示。直到二十世纪，信息可视化作为一种探索数据并从数据中获取启迪和智慧的新方式进入了人们的生活[142]。信息可视化不仅追求美观，更注重实用和智能，并强调它们能真正地为人类的决策判断服务。相应地，对于信息可视化的研究不仅局限于图形学领域，还拓展至实验心理学、工程心理学、人因工程学、信息科学、医学等领域。例如，实验心理学（包含行为心理学和认知心理学）的研究范式和研究方法可以帮助人们更好地理解人与信息可视化空间交互过程中所涉及的思维过程、主观感受和行动等[143-148]。工程心理学和人因工程学领域对于信息可视化空间的研究则多基于特定的使用场景，例如核电站安全监控[51,76,77]、网络安全监控[149-152]、医学影像分析[153,154]等。信息科学研究领域则关注可视化的实现和可视化工具的开发[155-157]。

信息可视化本身就涉及多学科领域，不同学科的研究思维和研究范式能够为信息可视及信息可视化空间的研究和设计实践提供更多的灵感和启示。具体来说，基础的实验心理学的研究范式能够有助于从微观角度去解决"为什么需要如此设计？"和"设计方法能够辅助决策过程中的哪一个环节？"这两个问题；但基础的心理学研究方法和研究结果需要结合实际的应用场景才能保障研究的生态效度。此外，心理学的研究思维能够加深对于信息可视化、设计和决策这三者的理解，而计算机科学则能够拓宽对于这三者的研究广度。就本书的研究内容而言，首先将运用语言学中的概念隐喻方法，通过建立实体空间与信息可视化空间之间的概念映射关系，强调信息可视化中的"空间"特征；其次，本书将重点关注伴随着决策者在信息可视化空间不同视图之间切换而产生的视觉注意管理和心智地图的构建这两个过程。通过对这两个认知过程的研究，能够帮助人们更好地理解在信息可视化空间中可能出现的迷航现象。视觉注意管理和心智地图构建本属于心理学研究范畴，因此将充分借鉴认知和行为心理学中的相关理论研究成果，并结合可视化设计，综合采用人因工程、眼科学（眼动追踪）和行为心理学中的研究范式和用户行为记录方法，对信息可视化空间中用户的视觉注意管理、心智地图构建及决策过程与结果进行深入研究。

1.3　课题研究内容与本书结构

1.3.1　课题研究内容

本课题针对多视图信息可视化空间中存在的迷航问题展开研究,并将研究重点置于因视场转换而导致的注意管理迷航和结构认知迷航这两方面。此外,本书将首次提出视场转换损耗(Viewport Switching Cost,VCOST)这一概念,将深度融合人因工程学、计算机科学和实验心理学研究思维和研究范式对 VCOST 进行验证性和定量化研究;试图从信息可视化设计的角度,对不同时间、空间及结构/语义接近性的多视图可视化呈现环境下的 VCOST 进行调节,并总结出相应的设计策略。相比于现有的信息可视化的研究,本课题从更加微观的视角探究信息可视化设计与决策的关系。本书中的理论和实验研究成果可用于指导复杂信息可视化系统的设计与开发。

本课题从以下方面展开研究:

(1) 建立实体空间与信息可视化空间的概念映射关系。该部分将重点探究多视图信息可视化的"空间"属性,并总结其中的决策任务类型,从而建立信息可视化空间与决策空间之间的关联。

(2) 探究信息可视化中的视场转换损耗与决策间的关系。该部分将从视场转换损耗的定义、表现形式、产生机理和影响因素四个方面建立"视场转换损耗"的概念体系。

(3) 验证并定量化研究视场转换损耗。该部分将采用实验研究方法对多视图信息可视化中的视场转换损耗进行验证。

(4) 提出调节视场转换损耗的设计策略。该部分将通过对比实验研究方法,从可视化中的编码形式和视图呈现形式两个方面探讨如何提升用户在多视图信息可视化中的视觉感知连贯性和结构认知整体性及完整性,以及如何降低视场转换损耗。

其中,第(1)(2)点研究内容为理论构建,第(3)(4)点研究内容为实验研究。在所有实验研究结束后,本书将通过设计实践案例对总结出的设计策略加以运用,以求理论研究与设计实践相结合,在深化本课题的理论研究深度的同时,增强研究的应用价值。

1.3.2　本书结构

本书共由七章组成。其结构见图 1-3：

第一章（绪论）：从信息可视化空间中的决策以及空间要素、人因要素和设计要素三个方面对国内外最新研究成果进行概述，并提出多学科研究思维和研究范式在信息可视化研究领域的重要意义；在章末说明本书主要研究工作和行文架构。

第二章（信息可视化中的空间属性分析）：将基于概念理论隐喻，从对象属性、行为属性、认知属性和心理体验四个层面建立实体空间与信息可视化空间两者的概念映射关系，深化对于信息可视化中"空间"属性的理解，建立多视图信息可视化空间中的要素层次模型。

第三章（多视图信息可视化呈现与决策任务特性分析）：将从时间、空间和结构/语义接近性三个维度对典型的多视图存在和呈现形式进行概括；提出在多视图信息可视化空间中执行的决策任务体系，并对人与多视图信息可视化交互认知模型进行构建。

第四章（信息可视化空间中的视场转换损耗理论研究）：将基于多视图可视化空间提出"视场转换损耗"的概念；从视场转换损耗的定义、表现形式、产生机理和影响因素四个方面建立"视场转换损耗"的概念体系，阐述视场转换损耗与决策之间的关系；通过实验验证视场转换损耗并研究视场转换中视觉注意资源的分配机制。

第五章（视觉线索对视场转换损耗的影响研究）：本章将从视觉注意管理角度，基于时态数据的多视图并列呈现和序列呈现两种可视化视图呈现方式，针对视觉线索（色彩线索）对于视场转换损耗的影响作用及其表现形式展开研究。

第六章（工作记忆卸载对视场转换损耗的影响研究）：本章将从心智地图构建的角度，基于空间-时态数据和层级地理数据两种可视化类型，探究视图呈现和交互方式这两种工作记忆卸载方法对于心智地图构建和视场转换损耗的影响作用及表现形式。

第七章（总结与展望）：本章将对本书主要研究工作和创新点进行总结，并结合现有研究成果和研究局限性，对后续的研究工作和可突破点进行展望。

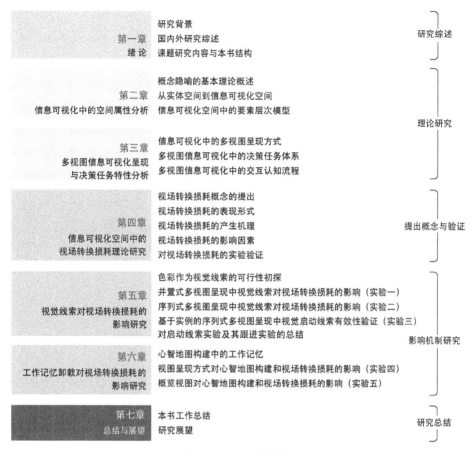

第一章 绪 论	研究背景 国内外研究综述 课题研究内容与本书结构	研究综述
第二章 信息可视化中的空间属性分析	概念隐喻的基本理论概述 从实体空间到信息可视化空间 信息可视化空间中的要素层次模型	理论研究
第三章 多视图信息可视化呈现 与决策任务特性分析	信息可视化中的多视图呈现方式 多视图信息可视化中的决策任务体系 多视图信息可视化中的交互认知流程	
第四章 信息可视化空间中的 视场转换损耗理论研究	视场转换损耗概念的提出 视场转换损耗的表现形式 视场转换损耗的产生机理 视场转换损耗的影响因素 对视场转换损耗的实验验证	提出概念与验证
第五章 视觉线索对视场转换损耗的 影响研究	色彩作为视觉线索的可行性初探 并置式多视图呈现中视觉线索对视场转换损耗的影响（实验一） 序列式多视图呈现中视觉线索对视场转换损耗的影响（实验二） 基于实例的序列式多视图呈现中视觉启动线索有效性验证（实验三） 对启动线索实验及其跟进实验的总结	影响机制研究
第六章 工作记忆卸载对视场转换损耗的 影响研究	心智地图构建中的工作记忆 视图呈现方式对心智地图构建和视场转换损耗的影响（实验四） 概览视图对心智地图构建和视场转换损耗的影响（实验五）	
第七章 总结与展望	本书工作总结 研究展望	研究总结

图 1-3 本书结构图

2

第二章　信息可视化中的空间属性分析

引言

　　囿于有限的屏幕显示空间，单一的可视化视图常常难以清晰地表达信息空间的结构和信息随时间变化的趋势，从而使用户容易对于可视化所表达的信息内容产生误解。因此，多视图信息可视化这个概念应运而生。基于此背景，本章将采用概念隐喻理论，将信息可视化空间与实体（地理）空间进行类比，试图通过知识迁移的方式，将人对于实体空间的本体认知与先验知识映射到信息可视化空间中，为本课题中所涉及的信息可视化空间中的导航、迷失效应等概念建立理论根基，并强化多视图信息可视化的"空间"概念。建立信息可视化的空间概念是本书接下来探讨多视图信息可视化空间，以及基于空间概念提出视场转换损耗的基础。

2.1　概念隐喻的基本理论概述

2.1.1　概念隐喻的含义与核心

2.1.1.1　概念隐喻的含义

　　根据《大英百科全书》中的定义，隐喻是一种暗含了两类不同实体之间比较的修辞手法，是一种基于隐性比较的语言形态。这种隐性的比较过程可称为两个概念之间的类比。在语言学发展初期，隐喻修辞被认为是一种修饰文学和艺术作品的锦上添花的语言表达手法。在 19 世纪 80 年代初，George Lakoff 和 Mark Johnson 从认知语言学视角重新审视了隐喻对于人类的类比和推理思维构建的促进作用，将概念隐喻定义为通过一个概念域来思考另一个概念域的推理模式[158]。至此，人们对于隐喻修辞的价值认知突破了其对于文学艺术作品的修饰作用，上升到作为认知工具帮助人类构建思维的层面。换言之，生活中很多概念都是通过隐喻的方式构建的，因此概念域中的结构框架（包括语言、事件活动和行为）都可以通过隐喻的方式进行建构、推理和阐释。

2.1.1.2　概念隐喻的核心

概念隐喻过程涉及三个概念：源域（Source Domain，用 S 表示）、目标域（Target Domain，用 T 表示）和从源域到目标域之间的映射关系（用 f 表示）[159]。从数学角度讲，f 通常被称为类比映射函项。该函项把 S 中的个体与 T 中的个体系统性地关联在一起，从而建立两个域之间的映射关系[160]。源域是提取隐喻表达的概念域范畴；目标域是试图通过类比的方法来理解和构建概念框架的概念域范畴。例如，在二维图形用户界面中，我们可以用"桌面"作为源域，通过用户日常的经验积累来帮助他们在图形界面（目标域）中建立起窗口、菜单、图标和指向操作的概念模型，从而降低其初次使用图形用户界面的学习成本。

在 S 与 T 的映射关系中，并非 S 中所有的元素均会映射到 T 中；同理，并非 T 中的所有元素均可以从 S 中找到可以映射的个体。换言之，一个源域通常仅能够描述目标域的一个或几个方面，如需描述目标域的整体，则需要建立多个源域和目标域之间的隐喻映射关系。因此，概念隐喻具有部分性和强调性等特征。图 2-1 以两个源域和一个目标域之间的隐喻映射关系为例，将 S、T 和 f 之间的关系进行图示。概念隐喻的核心是推论和类比，这也是源域和目标域之间所建立的映射关系的本质。这种推论和类比受人们在世界中的经验塑造和制约[158]。

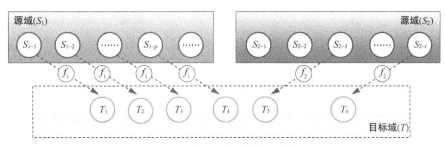

图 2-1　从源域到目标域的映射关系图示

注：图中 f_1 为从源域 S_1 到目标域 T 之间的映射关系；f_2 为从源域 S_2 到目标域 T 之间的映射关系。S_1 与 S_2 中的概念各用于描述 T 的一个方面。

当存在多个隐喻映射时，这些映射关系可能存在主次地位之分。可以将核心概念隐喻称为核心映射，一系列由其推演出的映射关系称为次隐喻。例如在信息空间这一概念隐喻中，空间隐喻是核心映射，而类比于实体空间中地标元素并存在于信息空间中的信息节点或事件则属于次隐喻。次隐喻是对于核心映射关系的具体化，两者之间呈现出主次关系。

在语言学领域，概念隐喻不仅是一种修辞手法，也是一种构建概念框架的辅助工具；在设计学领域，概念隐喻同样被设计师和工程师运用在设计要素解构、产品概念设计和产品生态设计等方面，因此具备了解释性、启发性、可衍生性和可评价性等属性。在本书中，概念隐喻作为一种认知工具，将人们在实体（地理）空间中日渐积累的丰富经验和完备的概念体系迁移至信息可视化空间中。在建立隐喻关系过程中，需要明确该隐喻的基础和隐喻的构成方式、定义源域和目标域、分析和解释两个空间之间的区别与联系。这是从概念隐喻视角分析人与信息可视化空间交互的基础。

2.1.1.3　概念隐喻对于交叉学科研究的助益

从认知角度来说，概念隐喻提供了一种思维工具，让人们得以从熟悉的概念领域中推理和组织那些不熟悉的、抽象的或复杂的概念[161]。它反映和塑造了思维过程[162]，能够帮助人们抽丝剥茧地深入分析抽象和复杂概念背后的结构框架，从而对概念建立清晰的认知。从工程角度来说，通过概念隐喻的方法可以有效且高效地将一个概念领域中的结构、功能、操作步骤迁移到新的概念领域中。这种知识结构和功能的迁移有利于提升新概念的可理解性和包容性。在产品设计[163,164]、图形用户界面和可视化[165-167]、有形交互人机界面[168,169]、虚拟/增强现实[170-172]、计算机视觉[173]、超媒体空间设计[174-176]等领域，均可见概念隐喻的应用案例。从社会效应角度来说，隐喻可以使得概念的传递更加便捷[177]，缩小不同领域和不同行业之间的知识缺口。从合理性角度来说，概念隐喻可以填补概念域中的语词空白，促进语义的转换[161,178]。此外，概念隐喻能够影响人们对于目标概念的认知模型的建构，不同的认知模型又会促进思维从不同的角度和深度展开。例如在桌面隐喻中，研究者倾向于从对于视窗的管理、对图形界面中元素的操作等角度审视图形界面的设计；而在空间隐喻中，研究者则可以从用户在图形界面中信息获取的效率、在界面间跳转访问的迷失感等角度研究界面的设计。因此在交叉学科研究中，概念隐喻不仅可以帮助构建思维，同时可以启迪思维，开拓新的研究兴趣点。在本研究中，概念隐喻作为一种认知工具，将人们在实体空间中日渐积累的丰富经验和业已建立的完备的概念体系迁移至信息可视化空间中。

2.1.2　概念隐喻的根基与分类

2.1.2.1　概念隐喻的根基

在认知语言学尚未兴起之前,经典隐喻理论认为隐喻的前提是源域和目标域之间须具备预先存在的相似性。而以 Lakoff 为代表的认知语言学观点则认为除了客观存在的相似性之外,源自经验的关联性、非客观的结构相似性、生理和文化的同源性均可作为隐喻的根基[158]。例如,在公共标志设计中,将编码对象与日常概念中相同与相似的色彩进行隐喻关联,将更容易触发人的推理与联想认知机制。在基于手势操作的人机交互设计中,"向上"和"向下"的手势分别与"增加/积极"和"降低/消极"相关的命令相对应[179]。这种对应关系源于日常经验中容器液体体积的增加导致液面上升的(增加即上升)图式关系,这种植根于经验中的关联属性即为此类隐喻的根基。

在人与信息系统交互环境中,前人采用空间隐喻方法将信息系统与实体空间进行类比[175,180,181]。在空间隐喻中,信息系统被认为是一个由信息和信息实体构成的多维空间,亦被称为"信息空间"[12,182]。信息空间中的独立存在要素,乃至用户与信息空间的交互行为均可以从实体空间中寻找到映射项。例如,用户在超媒体空间中根据模糊的目标特征寻求目标的过程可以和人们在城市中寻找某个或某一类目的地的过程进行类比。其中,在信息空间中的历史访问路径可类比为行经路线;用户对一系列信息节点及其相互连接属性的认知模型可类比为对于某一片地理区域的空间方位感知[183]。由于信息空间本身是不存在的客观对象,因此信息空间与实体空间进行类比的前提是对信息系统进行本体化构建。而信息空间与实体空间之间存在的结构相似性则是概念隐喻存在的根基。

2.1.2.2　概念隐喻的分类

Kövecses 根据语言学中隐喻的应用情境,从常规性、认知功能、性质和一般性层次四个维度将隐喻进行分类[159]。其中,常规隐喻是指基于日常生活的经验的隐喻,并为日常目的服务;而非常规隐喻是指源域和目标域之间的隐喻关系基于特殊的情境,因此需要结合特定的隐喻使用场景来解码隐喻的内涵。从认知功能角度,概念隐喻可分为本体隐喻、结构隐喻和方位隐喻三类。在本体隐喻中，抽象的概念被赋予新的具象化的身份，便于指称、量化和理解抽象概念的具体方面。结构隐喻为人们理解目标域中的概念提供了知识结构参考。例如，实体空间中"定位""寻路"和"迷路"概念均可延伸为描述和解释信息可视化空间中用户行为的基本要素。方位隐喻则是一种基于方位意象图式的隐喻结构。本书将信息可视化空间与实体空间进行概念映射，以突显其空间特征，通过概念隐喻可以提供更详尽的概念定义和概念描述层次框架。

2.1.3 空间隐喻的概念及映射框架

2.1.3.1 空间隐喻的概念

空间隐喻是一类特殊的概念隐喻，它是指将空间作为源域（S），用来理解某个本质上非空间的概念（T）的过程[184]，也被称为空间化。具体来说，就是运用人们对于空间的知识、行为和经验来解释非空间中存在的现象。这种通过空间的概念来组织和构建思维的方式可以溯源至公元前五世纪 Ciero 和 Quintilian 等人提出的位置记忆法（Method of Loci）。在人机交互和信息可视化设计领域中，空间隐喻最初运用于超文本、万维网空间和复杂数据结构的可视化中。以超文本空间为例，基于空间隐喻关系，信息可被抽象为分布在空间中的节点；信息节点在空间中的拓扑结构使得信息系统具备了空间属性。伴随着对信息节点内容的感知与提取，用户会建立对于超文本空间的认知地图并生成访问和浏览策略[70]。因此，对于超文本空间的浏览可以类比为空间中的寻路行为。

本书提出信息可视化空间（Information Visualization Space）的概念，该概念是将空间认知理论拓展至信息可视化空间中，从可视化的空间属性视角研究用户在可视化空间内的迷航现象。同时，根据传统的符号学和人机交互理论，用户在使用信息可视化空间的同时会将计算机表征的对象映射至精神空间中，并形成对于空间的概念化结构感知[185]，由此指导行为。因此，伴随着人与信息可视化空间的交互，用户的心理表征空间和行为空间也得以产生。图 2-2 展示了从客观存在的信息、信息可视化空间，到主观存在的心理表征空间和行为空间的关系。所有空间化的概念都旨在提供一种有效的用户决策辅助与认知基础。

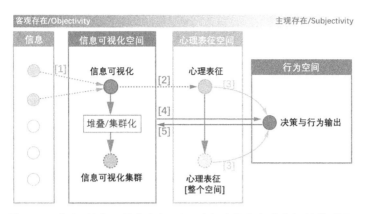

图 2－2　信息、信息可视化空间、心理表征空间和行为空间的关系图示

2.1.3.2　空间隐喻结构及映射框架

信息可视化空间是由一系列信息可视化表征和可视化窗口构成的虚拟空间。其中,信息可视化是通过计算机表征映射关系(由箭头[1]表示)将信息由物象集映射到图像集的过程。信息可视化既可以理解成一个表征过程,也可以理解成一个具备视觉可供性的产物。信息可视化通过堆叠或集群化的方式形成信息可视化集群。该集群可支持用户对于可视化视场、视窗和视点的切换和跳转。心理表征是用户对于信息可视化对象的精神表征,或者说是大脑形成对可视化理解的过程[186](由箭头[2]表示);心理表征空间不仅仅包含对于单个可视化对象的理解,还包括了对于整个空间的全局化理解(即形成心智地图[187])。心理表征空间是形成决策与行为策略的基础(由箭头[3]表示),也是决策行为的前提。行为空间由用户根据空间心理认知和经验而做出的若干个决策构成,它是用户与信息可视化空间交互的通道,体现了心理表征空间的构建完整度和准确度,也间接体现了信息可视化空间的可感知性、示能性和可用性。在信息可视化空间中,设计师将行为空间概念化,并通过一系列图形语言呈现。因此信息可视化空间限制并决定了行为空间(由箭头[4]表示)。行为空间中输出的结果则会反馈至信息可视化空间(由箭头[5]表示),从而完成了从信息、信息可视化空间到心理表征空间和行为空间的闭环。

图 2－3 展示了从实体空间到信息可视化空间的概念隐喻映射框架,从源域(S,实体空间)角度来说,实体空间中包含对象、行为、认知和心理体验四类属性。这些属性又被称为构件。构件之间的组合和层次关系构成了实体空间中的结构。

所谓对象属性，是指实体空间中客观存在的层次化结构特征。行为属性则是人在实体空间中的活动，它是人与实体空间交互的产物。认知属性源自人的感知和认知意识，包括人在实体空间中开展行为所消耗的认知资源和认知努力程度。心理体验则属于用户对于行为属性和认知属性的元认知。基于这四类属性，下文将对于源域(S)和目标域(T)中的存在要素进行逐一分析，并最终建立多视图信息可视化空间的要素层次模型。

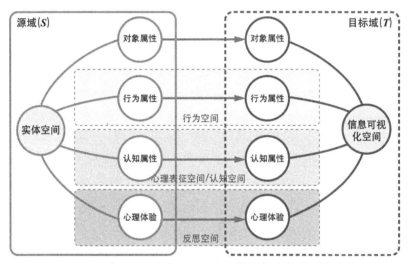

图 2-3　从实体空间到信息可视化空间的概念隐喻映射基础框架图

2.2　从实体空间到信息可视化空间

2.2.1　实体空间中的要素分析

2.2.1.1　实体空间中的基本要素

Kevin Lynch 曾提出在城市环境空间中存在五类核心要素：路径、边界、区域、节点和地标[188]。如图 2-4 所示，路径是用户的移动通道，其他环境要素依据路径依次串联起来；边界是打破空间连续性的线性要素，它定义了区域的边界；区域是由一类具有相似性或一致性的空间元素构成的连续且相邻的空间集群；节点是具备位置识别性的地点，且具备尺度依赖性和场景依赖性。从不同缩放尺度来看，节点可以指路径中的某一个建筑物,也可以指某一片区域的缩影,甚至是某一个城市。节点通常定义了用户在空间中移动的起点和终点,而路径是用户发生空间位移的通道,地标则是对于可以作为导航参考点的一类空间物体的统称。

Helen CoUclelis 根据复杂程度依次将空间划分为数学空间(又称为几何空间)、物理空间、社会经济空间、行为空间和经验空间这五个连续体[189]。其中,数学空间中的点、线、面;社会经济空间中的方位、路线和地区;行为空间中的地标、路径和区域;经验空间中的地点、道路和领土版块分别与 Lynch 提出的五类核心要素中的节点、路径、区域相对应。在 Coucelis 提出的空间存在形式中,数学空间是最客观且最基本的存在形式,它不依赖于人的感知与认知结果;而社会经济空间、行为空间和经验空间均具备一定程度的主观性,它们因用户的经验、目标等而存在差异。因此,当以实体空间为源域构建信息可视化空间这一概念时,不仅需要考察空间的客观存在要素,还需要考察"人"在空间中的表现。换言之,需要从"人"和"空间"二元的视角来定义信息可视化空间这一概念。

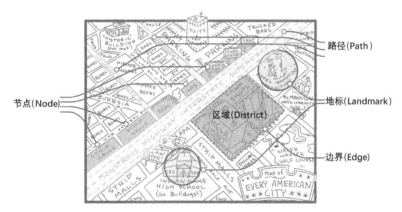

图 2-4　Lynch 基于城市空间提出的五类核心要素示意图(圆圈内的建筑可定义为地标)

(图片来源:http://www.itchyfeetcomic.com/)

2.2.1.2　实体空间中的复合要素

(1) 实体空间中的"视角"与"参考系"

"人-空间"二元视角需从人的感知、认知两个层面去分析实体空间中的存在要素。从感知层面而言,用户可以从不同的视角去观察、描述和理解实体空间中存在的物体。视角定义了人们观察空间的角度和尺度,同时也定义了空间感知、认知与衡量的参考系[190]。目前在空间认知研究领域对参考系存在两种分类标准:按照参照物体的特征可分为全局参考和局部参考;按照参考系方位特征可分为以自我为中心的参考系和以异我为中心的参考系。所谓全局参考,即是以全局地标为参考点建立的参考系。全局地标具有较强的感知凸显性、认知凸显性和场景凸显性[191],从而使用户可以从较远的范围进行感知,同时它不会因用户移动了一小段距离而改变[192]。因此全局参考是一类相对稳固的参考系,如图 2-5(a)所示。图 2-5(b)是从"鸟瞰"的视角整体地观察参考点及周围的建筑物分布,这种俯瞰的视角实则是用户以异我为中心构建的参考系;图 2-5(c)展示的是可作为局部参考物的街角咖啡馆;图 2-5(d)展示了从俯视角度观察该局部参考物及周围的状态。全局参考物和局部参考物均可对应于第 2.2.1.1 节中的地标,故又称为全局地标和局部地标。与 Lynch 和 Couclelis 提出的"地标"概念有所差异的是,此处将那些可用于人在空间中进行定位和导航的可访问点定义为地标,它不仅具备"点"的属性,更具备行为和交互空间中的功能属性,因此,它是一个复合要素。

| (a) 以自我为中心的全局参考系(物) Global reference with an egocentric perspective | (b) 以异我为中心的全局参考系(物) Global reference with an allocentric perspective | (c) 以自我为中心的局部参考系(物) Local reference with an egocentric perspective | (d) 以异我为中心的局部参考系(物) Local reference with an allocentric perspective |

图 2-5　按照参考物特征和时间特征划分的四类空间参考系图示

[图片来源:(a)(c)均为作者拍摄;(b)(d)来源于 Google Map 截图]

用户通过不同的视角和参照物的选取可以确定自身的方位和场景的信息,而这一假设提出的前提是用户处于静止的状态,或驻足于某处进行观察。当用户在实体空间发生了方位的移动,即产生了行动路径,路径连接了位移起始点和目的地。路径不是客观存在的实体,它是人与空间进行实际交互的产物,因此具有场景依赖性和主体差异性。在实体空间中存在最佳路径和实际路径两种路径存在形式。如图 2-6(a)虚线所示,最佳路径是最优化和理想化的路径形式;如实线所示,实际路径是用户实际走过产生的路径。在现实中两种路径往往因为用户的决策不同而存在时间、路径距离和努力程度(或精力)的差异。如图 2-6(b)所示,实际行走路径所消耗的时间和精力要高大最佳路径。因此导航设计的要义是缩小实际路径与最佳路径之间的差异,让用户以最短行走路径和最少的精力消耗到达目的地。

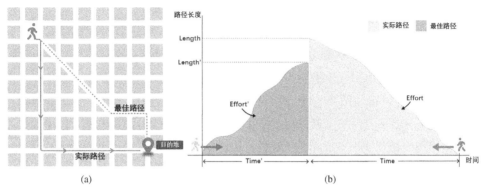

图 2-6　实体空间中存在的最佳路径与实际路径概念图示

（2）实体空间中的心智地图

从认知层面而言,对于空间的认知更新随着人在实体空间中的方位移动而产生。空间认知是存在于思维中的对于空间的内在反映和重构[193]。Thorndyke 依据空间认知的源头将其划分为三类:地标性知识、程序性知识和概览性知识[194]。地标性知识仅仅是对于物体和特征的识别,它属于属性类信息[187],并不具备空间性[195]。人们通过对地标的直接感知,或通过对其间接的表征形式建立起对地标物视觉属性和位置等信息的认知。程序性知识产生于空间方位移动的过程中,它是关于动作和路径中节点出现次序的信息表征,也是用户对于空间中点与点之间关系的认知编码。地标性知识和程序性知识均是从以自我为中心视角对环境建立的信息认知。概览性知识是用户从"俯瞰"视角对地标和路径的空间配置关系建立起的整体、统一和协调的认知表征体系,因此又被称为(空间)配置性知识[196]。概览性知识是推理与决策等产生式思维的基础。

Siegel 和 White 认为这三类空间认知特征是一种阶段性和次序性的发展过程[78]。其中地标性知识是最先在大脑中生成的知识表征,程序性知识基于地标性知识产生,最后产生的是概览性知识。这三类空间知识是心智地图（Mental Map）的构成要素。对于心智地图的概念阐述素来有两种不同的概念模型:一类是"类地图"模型,该模型认为认知地图的功能与效用和现实中的地图相似,不仅可以表征和概括空间特征,还可用于指导和影响用户的决策与行为[197];另一类概念模型认为心智地图是伴随着学习和记忆的过程而不断发展和构建起来的动态知识结构[198]。前者从内容、结构和功能层面概括了心智地图,而后者则从学习和可发展的角度对其进行了阐述。综合两者进行理解,心智地图不仅是一种空间理解的产物,也是一种知识表征构建与不断完善的过程。

在实体空间中,心智地图的形成可概括为通过一系列的心理转换将实体空间中的属性类信息和位置类信息映射到心理表征空间,进而生成心理意象集的过程。在转换与映射的过程中,连续的实体空间环境中的信息经过过滤和处理会产生信息的耗损,因此心智地图具有不完整性、主观扭曲性和主观扩展性[197]。用户凭借这一系列心理转换进行空间信息的感知、编码、记忆存储与提取和解码。因此,心智地图不仅可以作为空间的表征与概括,还可用于指导和影响用户的决策与行为,是连接实体空间、决策空间和行为空间的"桥梁"。神经科学领域的研究表明,伴随着大脑中海马体和内侧前额叶皮层的同步激活,已存在的对熟悉环境的心智地图能够进一步约束用户在新环境中对于状态空间的搜索,从而有助于做出更高效和更强适应性的决策[199]。同时,现存的心智地图能够作为模板来预测新的空间环境中未知的事件[200]。因此,心智地图连接了过去和现在、过去和未来,一方面它为用户存储和处理信息创造了空间,另一方面它可以帮助用户理解和预测空间内潜在的信息,进而指导和影响决策。

基于上述分析,此处通过图 2-7 展示了实体空间中各存在要素与用户心理表征和决策行为之间的关系。总体而言,实体空间中的基本存在要素通过心理转换的方式形成心理表征空间中的地标性知识、程序性知识和概览性知识,同时这三个空间认知层次又是对实体空间的投射与反映;心理表征空间可以自上而下地调节决策策略与行为输出,而决策与行为空间中的构成要素又能自下而上地对心理表征空间中的内容进行反馈与修正。

(3) 实体空间中的迷航效应

迷航效应是指人们在非线性实体空间中失去方向感的现象[201],具体来说,它是指当人们不知道自己的当前位置、自己应该去哪里以及如何到达目的地的心理状态。从本质上说,迷航效应属于人的心理体验范畴。迷航效应一方面源于用户认知模型的非匹配性,另一方面源于用户认知模型更新的非及时性[202]。由于人们对空间环境不熟悉,因而他们所具备的对于空间的认知水平不足以满足到达目标所需要具备的空间认知水平,这就是认知模型非匹配性的含义。当认知地图的更新落后于实际位置的更新,这种延迟和不同步就是认知模型更新的非及时性[203]。

在实体空间中,迷航有两种表现形式:一种是导航者迷失,一种是信息缺失。

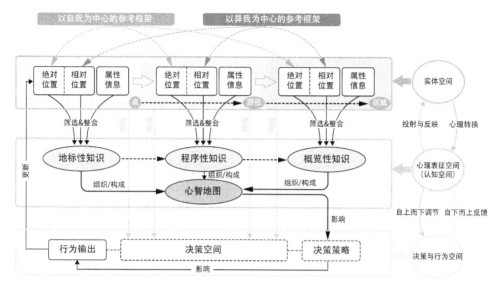

图 2-7　实体空间中各存在要素及其相互作用关系图示

前者是一种以自我为参考系的表现形式，是指人们失去方向感并且无法完成导航；后者则是以异我为参考系，是指导航者无法获取他们所需要的信息（此处信息是指目的地）。此外，迷航还存在其他表现形式，例如：无法辨认曾经访达的路径或地点（又称为博物馆效应）；无法形成程序性和概览性知识；忘记最初的访达地点等。

2.2.2　信息可视化空间中的要素分析

2.2.2.1　信息可视化空间中的视觉信息要素

信息可视化是通过图形表征的方式将数据、信息和概念进行外显化的过程。从局部到整体的维度进行分解，信息可视化空间最小的构成单位是像素；由像素构成基本的图形单元，例如色彩、点、线条等；这些基本单元又进一步构成图形化元素，例如图标。以上三者均是从微观的图像和图形角度来谈论信息可视化空间的构成。图形化元素通过视觉编码和视觉表征策略构成信息可视化展示形式，例如常见的节点-链接图、Dorling 图、弧线图等就属于信息可视化展示形式范畴。通常一个或多个信息可视化展示形式通过组合和空间配置的方式组建成信息可视化视图，而信息可视化空间是由信息可视化视图构成的抽象工作空间。以上分解维度参考了 David Woods 提出的层次化人机界面结构模型[204]（图 2-8）。已有大量研究针对可视化空间中的微观元素和整体可视化展示形式展开,例如根据数据和信息的结构选定合适的可视化表征形式[117,205,206]、可视化中的图标运用及图形修饰[207-209]、可视化中的色彩运用[210]、可视化视觉呈现风格[92,211,212]等。鉴于本书的研究侧重点和研究对象——信息可视化空间中的视场转换与决策,将聚焦于该模型中的两个宏观层次:可视化视图和由视图构成的可视化空间。

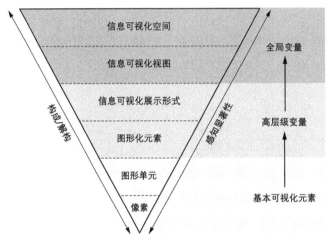

图 2-8　基于层次化人机界面结构模型修正的信息可视化空间呈现对象层次关系图示

以 MAP YOUR MOVES(由 Kim Albrecht 于 2013 年设计)可视化案例为例(图 2-9),该案例通过中心放射状路径图这一可视化展示形式,描绘了纽约市人口迁移分布趋势。图中虚线方框选取了可代表信息可视化空间呈现对象层次关系中的典型可视化元素。序号②对应图 2-8 中的(自下往上)第二层级,即图形单元;序号③对应第三层级——图形化元素;序号④对应第四层级——信息可视化展示形式;序号⑤对应第五层级——信息可视化视图。图形单元(图中序号②)表示一个城市;多个城市汇聚从而形成"地区"概念,反映为图中序号③所标注的点簇;图中通过点和路径的颜色区分人口的移入和移出。在图中共有两种可视化展示形式,一种为上文提及的中心放射状路径图,另一种为右侧框标出的水平柱状图。这两种可视化展示形式构成了三个可视化视图,即图中序号⑤所示。图 2-9 左下角方框显示了没有地区被选中时的初始状态。用户通过交互操作实现信息的筛选和过滤,并对可视化视角进行聚焦,从而生成不同的可视化图像。通过不同的可视化对象构建对于整体可视化空间的认知,并完成信息可视化空间的可视分析与探索。

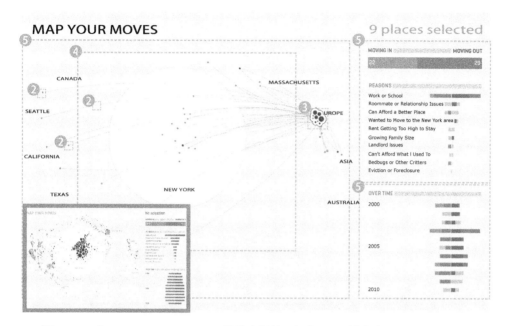

图 2 - 9 对 MAP YOUR MOVES 可视化案例的可视化呈现对象解构图(扫码看彩图)

(图片来源:http://moritz. stefaner. eu/projects/map%20%20your%20moves/)

就信息可视化对象本身而言,信息是构成信息可视化空间的最小单元,而信息之间的关联(包括时间序列维度的关联、空间拓扑维度的关联和功能绩效层面的关联)是构成信息可视化空间的基本逻辑要素。本书实验研究部分采用了时态数据可视化作为载体,试图通过"时间"这一维度拓展二维信息可视化的纵深,并探究在时间序列信息可视化空间中用户的决策与相关行为特征。因此,下一章将重点对信息可视化空间中视图层次间的时、空呈现关系进行论述。

2.2.2.2 信息可视化中的决策行为要素

在信息可视化空间中,人的决策和行为是信息空间要素与人的认知相互耦合的产物。与可视化空间中的视觉信息分层结构类似,决策行为也可以进行层级划分。目前对于信息可视化空间中的决策行为有三种划分方法。第一种分层方法将任务基元视为复合或高层级决策任务的基本认知单位,其中任务基元包括:获取数据、过滤、计算数值、寻找极值、分类、确定范围、描述分布趋势、寻找异常值、聚类和相关性分析[213]。第二种分层方法则以决策任务的目标为导向,例如在第一层级的决策任务中，决策者的目标停留在浅层的观赏和发掘、探索层次；随后便开始以搜索为目标对信息可视化空间进行自上而下的探索；在第三层级的任务中，决策者将会对第二层级中搜索的输出结果进行识别、比较和总结[214]。以上两种决策行为层级划分方法均是以任务、特征为分层依据。本书基于人的信息加工模型，提出了第三种决策行为的划分方法——将信息可视化空间中人的决策行为分为基于注意导向的决策（Attention Orientation-based Decision，AOD）和基于心智地图的决策（Mental Map-based Decision，MMD）两个层次。图 2 - 10 展示了这两类决策与信息加工流程之间的关系。

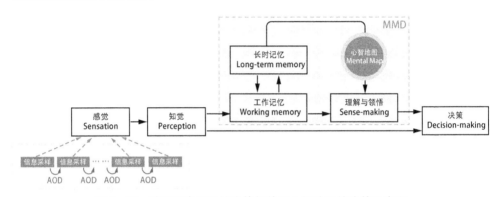

图 2 - 10　基于注意导向的决策与基于心智地图的决策示意图

（1）信息可视化空间中基于注意导向的决策

注意导向类决策发生于信息加工流程的早期，而基于心智地图的决策则发生于信息加工流程的中后期。基于注意导向的决策主要解决的是信息可视化呈现初始过程中用户对于视觉注意焦点的控制与管理问题。根据眼-心智假说，每一次视觉注视点可视为一次信息采样和加工[215]，在视觉注视点发生前，用户将要对注视点发生的时间和发生的位置进行规划，该过程将耗时约 100 ms 至 200 ms。依据视觉加工对象的难易程度，每一次视觉注视点的持续时间为 50 ms 至 800 ms 不等。在视觉搜索的过程中，用户的每一次视觉注意焦点的产生都包含注意导向的过程。视觉注意可通过自上而下和自下而上两种方式进行导向。图 2 - 11 展示了视觉注视点进入可视化视图后的三种可能的视觉注意导向路径。其中路径 1 是按照视觉浏览规律自上而下、自左向右而产生的第一种可能注意导向；路径 2 是由于位置和环境凸显性而产生的注意导向；路径 3 则是受任务目标影响产生的注意导向。每一条注意导向路径都是注意管理过程的结果。

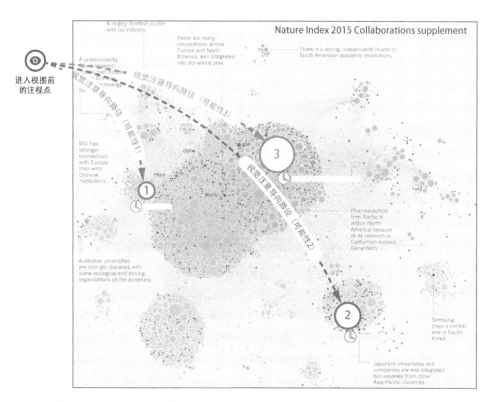

图2-11 用户对于视觉注意焦点的控制与管理(基于注意导向的决策)图示

（2）信息可视化空间中基于心智地图的决策

信息可视化空间中的"心智地图"概念与实体空间中的定义相似,它是指用户大脑中对于信息可视化所表征对象而构建的完整且简要的概括模型。在此类决策中,用户需要整合在视觉浏览过程中的信息采样结果,将图形升华为知识和智慧的基础。以拿破仑行军图(图2-12)为例,用户可以从图中两条最具视觉凸显性的流线中获知拿破仑军队从60万人出征莫斯科到仅有6万人返回华沙,并能直观地感知当时拿破仑军队的乘兴而往和败兴而归。同时,从图表最下方的气温折线图可知,在返程图中气温从0℃下降到了近零下30℃。由此,用户在观察这幅可视化图表时不免会产生推理——在返程途中气温骤降导致拿破仑军队士兵伤亡惨重。直观的视觉元素和不同可视化图表类型的结合,不仅便于用户的视觉理解和记忆,还可以增强用户对于图形和信息背后语义的理解,并增进用户对可视化所讲述的无声故事的解读。这种理解依赖于用户对于可视化图形心智地图的构建,在心智地图的基础上才能达到"一生二,二生三,三生万物"的境界。

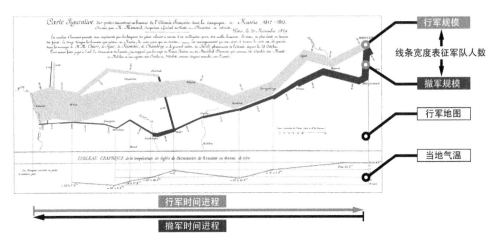

图 2-12　信息可视化空间中的心智地图(以拿破仑行军图为例)

(图片来源:https://windliterature.org/2012/04/19/the-year-1812-by-pyotr-ilyich-tchaikovsky/)

2.2.2.3　信息可视化中的主观感知与体验要素

与信息可视化空间中存在的两种决策相对应,本书将用户的主观感知与体验划分为两个层次。第一个层次来源于视觉感知和信息搜索阶段的体验,主要表现为注意干扰效应和注意迷航效应;第二个层次来源于心智地图构建阶段的体验,主要表现为小场景效应和偏题效应。以上两个层次均属于在信息可视化空间中用户的迷航表现。表 2-1 列出了上述主观感知与体验的描述定义。

表 2-1　信息可视化空间内的主观感知与体验

层次	表现	描述定义
层次一——视觉感知与信息搜索	注意干扰效应(Attentional Distraction)	注意干扰效应是指用户将注意焦点从期望的区域转移,从而抑制或减弱了对注意焦点区域信息的认知加工
	注意迷航效应(Attentional Disorientation)	注意迷航效应是指在信息界面中,用户不知道如何规划注意焦点的位置和注视时长(即不知道如何进行注意导向),从而在不必要的信息上消耗注意资源

续表

层次	表现	描述定义
层次二—— 心智地图构建	小场景效应 (Context-in-the-Small)	小场景效应是指用户无法将分离的信息可视区域的信息进行整合(即认知范围仅局限在单一的视场中),从而无法获取和构建信息之间的关系
	偏题效应 (Embedded Digression)	偏题效应是指用户忘记了最初使用信息可视化需要完成的目标,并且偏离了最初的思维链

2.2.3　从实体空间到信息可视化空间的概念隐喻映射

可以将用户在信息可视化空间中进行视觉探索、可视分析和生成知识的过程视为在信息和信息可视化空间中不断导航的过程。在此过程中,心智地图将不断得以完善与更新。为了更好地阐释实体空间与信息可视化空间之间的类比关系,下文将依据在第 2.1.3.2 节中提及的空间隐喻结构及映射框架,从对象属性、行为属性、认知属性和心理体验这四个维度建立信息可视化空间与实体空间之间的概念隐喻映射模型。

2.2.3.1　对象属性和认知属性的映射

在对象属性中,实体空间具有节点、地标、路径、区域和边界等要素。其中节点可对应信息可视化空间中的图形单元,它表征了信息空间中较低层级的信息元素。实体空间中具有视觉凸显性和指向性的要素,可以从视知觉地标和心智地图构建地标两个层面对信息可视化空间中的"地标"进行剖析,这两个层面分别对应上文中提及的两类决策层次。视知觉地标是指可视化中最具视觉凸显性的信息表征元素,这类表征元素可以起到分割区域的作用。图 2 - 13 展示了各角色在影片 Arrival 中的出场顺序和所经历的情节,其中角色通过不同的色彩进行编码。例如在图片中,绿色所编码的人物角色为 Abbott,红色编码的人物角色为 Costello,两条线起点相同表示他们同时抵达美国(Arrive in US)。色彩编码作为一种视觉地标,不仅可便于目标辨别,又便于记忆存储和提取。相比之下,心智地图构建地标是一种较为隐性的地标形式。例如在访问任何一个网站/网页时会见到"返回主页"的链接入口,此时"首页"可被视为一个地标,用户通过从首页出发经过层级跳转,不断地完善对于系统架构的认知。对于实体空间而言,上文提出有四种类型的空间参考系，参考系的作用是衡量位置和物体、事件的运动方式，类似于户外导航使用的指南针。在信息可视化空间中，可以将任何能够帮助人们确定信息元素在层级中位置的工具视为参考系。

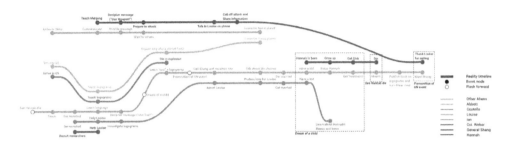

图 2 - 13   色彩编码作为视知觉地标在信息可视化中的应用案例(扫码看彩图)

(图片来源：https://www.csc2.ncsu.edu/faculty/healey/abstract/pubs.html)

在信息可视化空间中，用户访问信息要素所经过的层级可以视为路径。如图 2 - 14 所示，当用户从第一层级的节点通过交互操作依次访达第二、第三和第四层级的某个节点时，所经过的页面路径(如图中加粗实线所标注)即构成了信息可视化空间中用户的访问路径。这些依次访达的页面可作为程序性知识存储在工作记忆中。类似地，用户沿着路径浏览可以不断形成对于这个四层级信息系统的认知，其中不仅包括页面之间的组织层级关系，也包括页面间的访达方式。对这种组织层级关系的认知则可对应实体空间中的概览性知识。

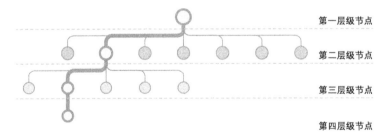

图 2 - 14   信息可视化空间中的"路径"概念示意图

2.2.3.2　行为属性和心理体验的映射

在实体空间中，寻路是一种认知和行为的能力，通过这种能力能够到达空间目的地。导航是寻路行为的精髓，在导航过程中，需要人们去理解位置之间的相对性并规划出一条路径。寻路行为通常可以划分为四个步骤：定向、选择路径、监视路径和确认是否到达。在信息可视化空间中,首先需要对心智地图进行解释并形成可视化浏览策略[70]。正如在实体空间中人们需要对当前的每一步行径进行规划(前进、后退或转向)一样,在信息可视化空间中,用户也需要对信息要素或页面的访问进行决策,也就是上文所提及的 AOD 和 MMD 两类决策。

前文曾提及在实体空间中,迷航效应一方面可表现为用户不知道自己的当前位置,另一方面可表现为由于目的地缺失而无法访达。这两者分别从"以自我为中心"和"以异我为中心"两个视角来定义。一般认为在信息可视化空间中尚不存在目的地缺失的概念,但用户常会因为可视化系统架构设计、可视化编码设计不合理等问题,在访问信息或信息页面的路径上受到阻碍。用户在信息可视化空间中的迷航一方面来源于他们受到来自可视化页面和系统的自下而上的作用,另一方面来源于用户内在的认知偏离或心智地图构建不完整等因素,这是一种自上而下的作用。

2.3 信息可视化空间中的要素层次模型

本书第 2.2.2 节和第 2.2.3 节对信息可视化空间中的要素及其空间属性进行了详细的分析。其中,视觉信息要素是用户进行认知、决策并实施行动方案的基础,视觉信息要素与用户的认知行为能够产生交互作用,从而使得用户对于其自身认知与决策进行反思,进而形成元认知和主观体验。因此,作为本章最后一节,本节将基于上文中对于信息可视化空间中若干要素的分析,从对象属性、行为属性、认知属性和心理体验四个层面建立信息可视化空间中的要素层次模型(Object-Behavior-Cognition-Experience Model,OBCE Model)。图 2 - 15 是 OBCE Model 的简要图示。

在图 2 - 15 所示的第一层级(对象属性层)中,从图形元素到信息可视化空间依次构成了层级化视觉信息要素,其中低层级要素是较高层级要素的构成基础,而信息可视化空间则是囊括了视觉要素的最高层级的视觉信息属性。由于视觉注意广度的局限性,用户需要通过注意管理有序地对视场中的图形元素进行加工,进而对整个视觉表征形式进行识别和理解。视觉表征形式是构成视场的重要元素,用户在视场中需要通过交互操作(例如鼠标点击进行筛选、排序)改变视图的原貌,使其能服务于可视分析目标。通过交互操作实现的视场切换构成了信息可视化空间的基本脉络。

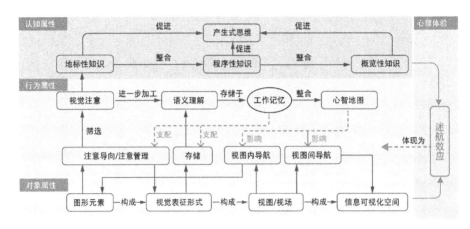

图 2-15　信息可视化空间中的要素层次模型简图

如图 2-15 中的第二层级(行为属性层)所示,在筛选和识别图形元素的过程中,用户需要持续地对视觉注意进行导向和管理。对于图形元素的筛选和识别对应认知属性中的视觉注意层次,是最基础的认知机制之一。工作记忆作为认知的核心枢纽,对注意管理和导向过程起到了调配和控制的作用。具体来说,视觉注意焦点的位置、持续时长均决定了用户对图形元素的加工广度和深度。对于被识别的视觉表征形式需要存储至深层加工区,并在工作记忆的协调作用下进行语义理解;当可视化中同时存在多个视觉表征形式时,用户需要在工作记忆的协调下将其整合为对于可视化全局的感知,即形成心智地图。心智地图又能够自上而下地影响用户在可视化视图内和视图间的导航行为。

如图 2-15 中的第三层级(认知属性层)所示,对于独立图形元素的识别能够促进生成地标性知识,用户通常能够记住可视化空间中最具视觉凸显性的元素,并以此为地标建立起该信息及其与场景信息的关系。同时,地标性知识也会成为用户进行深度认知的锚点,能够从一定程度上影响用户后续的认知偏好。随着视觉探索过程的深入,地标性知识会进一步拓展成为程序性知识。程序性知识更强调所获取的信息之间的联系,包括不同表征形式的可视化图形存在何种逻辑关系,或先后访问的可视化视图间存在何种时序或关系等。程序性知识最终将整合为具有概括性质的概览性知识。概览性知识是从"鸟瞰视角"对整个信息可视化空间的查看,是对于空间整体结构、类属、时序和逻辑方面的全面理解。上述三种知识类型均能够促进产生式思维的建立。在行为属性和认知属性层级之间为心理体验层。迷航效应作为一种元认知的结果,它存在于注意导向、语义加工与理解以及页面导航这三个环节,它既属于一种心理体验,也是认知属性层与对象属性层交互作用下的产物,并通过行为属性层得以反映。

构建 OBCE Model 是探索和确立信息可视化空间属性的第一步,也是本书接下来探究多视图信息可视化空间的基础。在本书第三章将对多视图信息可视化中的用户交互认知模型进行详述。

本章小结

本章首先从概念隐喻的根基、核心和基本映射结构方面对概念隐喻理论进行了阐述,这部分是建立信息可视化空间与实体空间之间类比映射关系的前提与基础。在此基础上,首先,从对象属性、行为属性、认知属性和心理体验四个层面,先后剖析了实体空间和信息可视化空间中的要素,并对两个空间中的要素和特征进行了比较;其次,本章指出在信息可视化空间中存在的两类决策——基于注意导向的决策和基于心智地图的决策,通过这两个决策行为层次定义了迷航效应在信息可视化空间中的四种表现形式——注意干扰效应、注意迷航效应、小场景效应和偏题效应。在综合本章分析的基础上,章末提出了信息可视化空间中的要素层次模型,这是对人与信息可视化空间交互关系的概括。本章的论述可加深对于信息可视化中空间属性的理解。

3

第三章　多视图信息可视化呈现与决策任务特性分析

引言

多视图信息可视化是指通过多个视图或窗口进行展示可视化图像的视图呈现方式。用户通常需要将多个视图中呈现的信息进行关联和整合,从而获取对于信息空间的全局感知。鼓励采用多视图可视化形式并不意味着盲目地扩展可视化视图的数量,而是更强调对于视图之间的协调与管理。本章将针对多视图信息可视化的呈现方式、决策任务体系和人与多视图信息可视化空间的交互认知模型展开研究。

3.1 信息可视化中的多视图呈现方式

3.1.1 多视图信息可视化中的时间、空间与结构特征

本书第 2.2.2.1 节中提到了信息可视化空间中的视觉信息层次,其中视图作为全局变量,是一种包含了图形化元素和信息可视化展示形式的界面元素。视图中包含了诸如可视化表征、滑动条、对话框、按钮等内容。本书将视图或视窗定义为视觉场(Viewport),简称视场。用户通过视场可以观察到信息空间中的一部分。如图 3-1 所示,多视图信息可视化可按照屏幕的数量划分为单屏幕多视图

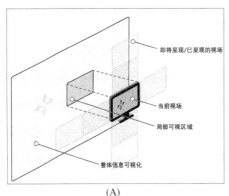

(A)

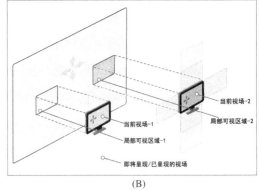

(B)

图 3-1 信息可视化空间中视场的概念图示

［图 3-1(A)］和多屏幕多视图［图 3-1(B)］两种呈现方式。其中,当前视场仅为整体信息可视化的一小部分,不同屏幕可呈现不同的信息维度。本书仅针对单屏幕环境下的多视图信息可视化进行研究。视图间可以通过竖线进行分割［图 3-2(A)］进而构成平铺式多视图形式;同时也可以通过标签切换的方式［图 3-2(B)］构成堆叠式的多视图形式。根据 Wickens 提出的接近性相容原则,在执行同一个任务或认知操作过程中所涉及的显示控件应当放置在接近的位置。同理,在信息可视化页面中,具备相近或相互辅助功能的视图应当遵循接近性相容原则。在接近性相容原则中,空间接近性是指视场在空间呈现维度保持接近;类似地,时间接近性是指视场在时间呈现维度保持接近,即同时呈现。Burns 曾通过工作域分析和生态界面设计方法探讨了不同时空接近性下的视场呈现对于决策的影响,这也是将接近性相容原则引入多视图信息可视化设计领域的最早的研究成果[77]。

　　本章将信息可视化空间中视场呈现的接近性划分为时间接近性、空间接近性和结构接近性三个维度。首先,时间接近性是指多个视场同时呈现或序列呈现,前者可定义为高时间接近性,而后者则可定义为低时间接近性。在低时间接近性的多视图可视化中,倘若视场之间呈现的间隔较长或需要通过用户的交互操作进行响应时,时间接近性则更低。

　　在地理空间中,空间接近性可以通过两个目标物体之间的影响区域的大小来衡量[216],即不仅仅需要考虑物体之间的距离,还要考虑其功能性。但在信息可视化空间中,将视场之间是否会产生空间布局的交集作为高、低空间接近性的判别依据。例如,多个视场在空间布局上完全无交集,则可视为低空间接近性;然而当视场间存在空间布局交集时,可将其视为高空间接近性。一般来说,空间布局的交集影响区域越小,则空间接近性越低,反之则越高。

　　结构接近性是指视场之间存在结构或语义上的连贯性。视图间的结构接近性高即表示相互的结构或语义关联性较强,反之则较弱。例如,相比于通过抽象层级进行划分的功能视窗而言,通过地图中的缩放这一交互操作所产生的前后视图之间的结构关联性则更强。按照上文对于多视图信息可视化的时间、空间和结构接近性的定义,此处构建了"时间-空间-结构/语义接近性"三维立方体(TSS-Cube),如图 3-3 所示。该立方体能够作为一种描述性工具对所有的多视图信息可视化进行定义和解释,也便于不同多视图可视化种类间的对比。

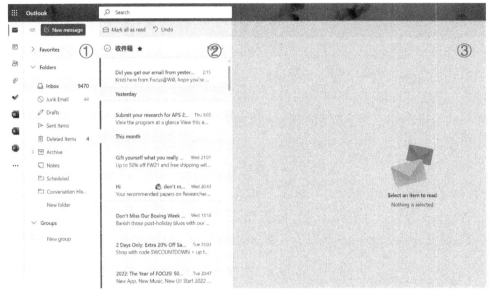

（A）Outlook 中通过细线将邮件分类视图、详细列表视图和邮件正文视图进行分割

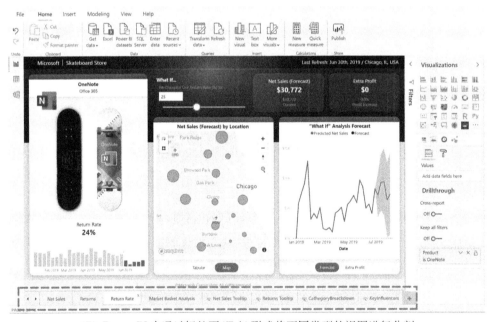

（B）Power BI 中通过标签页（Tab）形式将不同类型的视图进行分割

图 3 - 2　多视场在人机交互界面和信息可视化设计中的应用

（图片来源：https://powerbi.microsoft.com/zh-tw/desktop/）

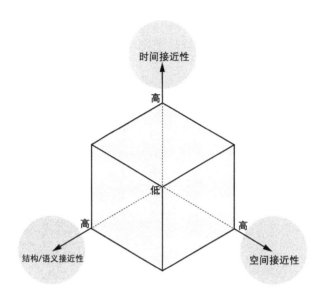

图 3－3　"时间-空间-结构/语义接近性"三维立方体

3.1.2　多识图信息可视化形式

本章罗列了八种典型的多视图信息可视化形式,分别为:具有页面筛选和过滤功能的单视图呈现、鱼眼视图呈现、"焦点＋上下文"视图呈现、"概览＋细节"式呈现、语义缩放式呈现、多视图并置式呈现、仿动画式呈现、演示文稿切换式呈现。下文将依次对多视图可视化形式进行介绍。

3.1.2.1　具有页面筛选和过滤功能的单视图呈现

在多视图可视化未兴起之前,所有的信息均呈现在单一的视图中,且窗口中仅有一个视图。如图 3－4 所示,当所有的信息同时呈现时会造成界面中视觉信息的重叠,以及整体视觉复杂性增高,此类视觉现象将会导致视觉搜索困难、注意管理能力低下等问题。针对此问题,可视化设计师提出了可以先将单一的视场进行拆分,并通过视图过滤器(图 3－5 中方框所标注的部分)允许用户对视图进行筛选和分拣,进而将当前任务不相关的视场进行"屏蔽"。虽然通过视图过滤器可以使得多个视场得以渐进式地呈现,但从本质上来说它们依然属于同一个庞杂的视图。相比于多视图,经过良好设计的单一视图亦存在优点,它能保持较好的视觉完整性,用户可以通过格式塔原理对视图中的可视化图像进行整体视觉感知,从而减轻了用户对于视图管理的负担。如图 3－6 所示,用户可以直观地看出 The Beatles

创作团队(图中绿色区域所示)最受听众欢迎,且其受欢迎度在近50年稳居榜首。倘若设计师将所有的统计数据按照每五年或十年进行分段显示,则用户对于数据的感知敏感性将受到削弱。

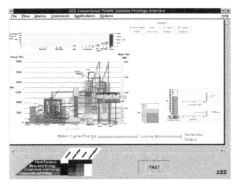

图3-4 核电安全监控界面中的单一视图可视化呈现[77]

图3-5 通过视图过滤器对单一视图中的信息进行分拣和过滤

(图片来源:http://globe.cid.harvard.edu/)

3.1.2.2 鱼眼视图和"焦点+上下文"视图呈现

鱼眼视图是通过使用广角镜头,将非焦点区域的信息进行变形,但保持焦点区域信息不变的一种视图形式。鱼眼视图实质上是基于连续缩放技术,通过计算兴趣度获取焦点区域[217],以焦点区域的状态为初始值,以焦点区域周围的某个点为终止值,通过连续插值的方式对初始值和终止值之间的连续变化过程进行平滑过渡[图3-7(A)]。焦点之外的区域可称为场景,通过变形处理将场景与焦点之间进行区分,形成两种可视化状态。因此,此处将焦点区域及其周边的场景分别称为焦点视图和场景视图。由于两个视图间没有明确的视图边界,因此鱼眼视图又可视为一种特殊的"焦点+上下文"视图表现形式。

鱼眼视图中的图形变形方法能够最大限度地降低场景视图所占用的屏幕空间,尽可能充分利用窗口空间资源,并保持空间连续性和控制可视化窗口中的不同细节程度。但变形的场景视图通常也会造成用户对于场景信息的误解读,甚至无法辨识变形后的信息。目前鱼眼视图已被运用在拥有丰富层级结构的网状信息中,用户可以通过鱼眼视图对网络中的拓扑结构和语义层次关联性进行更好的感知。例如,电力或液压系统的工作原理可视化[218]、交通站点可视化[219]以及大型节点-链接图可视化[138]中均可见鱼眼视图的应用。

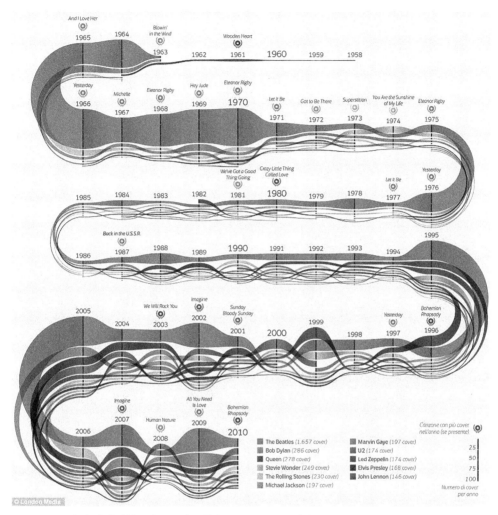

图3-6　面向全球统计的听众心目中最佳创作歌手随时间的变化趋势(1960—2010年)(扫码看彩图)

图片来源:https://www.informationisbeautifulawards.com/showcase/436-cover-mania

　　在鱼眼视图中,焦点视图和场景视图之间通常采用一种球形的变形方式进行区域划分,然而普通的"焦点+上下文"视图形式通常还存在另外两种形式。第一种形式是以正交拉伸的方式将焦点区域进行放大[图3-7(B)];另一种形式则是采用 Rubber-Sheet 模型[220],将焦点区域以矩形裁切并进行放大的方式独立于场景信息进行呈现[图3-7(C)]。这两种形式能减少球形变形对视觉信息造成的扭曲。但前人研究表明,不论是通过矩形分割抑或是通过球形变形方法均会诱发信息变形,进而造成信息无法识别的现象,因此创新性的鱼眼视图呈现方式层出不穷。

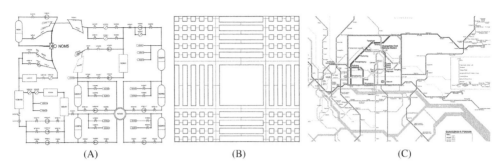

(A)　　　　　　　　　　(B)　　　　　　　　　　(C)

图 3 - 7　鱼眼视图和"焦点＋上下文"视图在信息可视化中的应用

注：图(C)中灰色方框部分即为局部放大区域。

3.1.2.3　"概览＋细节"式呈现

在"概览＋细节"(Overview＋Detail)式呈现中，细节视图和概览视图将同时且分别呈现在不同的视图中。概览视图以较低的空间分辨率展现了可视化对象的整体面貌，而细节视图则是通过局部放大的方式对局部区域的细节进行清晰展现。概览和细节视图之间存在耦合关系。在概览图中，用户可以通过移动取景器(图 3 - 8)对需要查看细节信息的局部区域进行定位；同时，随着平移细节视图，取景器在概览视图中的位置也会随之调整。除了平移操作之外，用户还能够在细节视图中通过鼠标滚轮或缩放控件对视图的比例尺进行改变。当用户不断对细节图进行缩小时，概览图中的取景器也会不断扩大。当用户到达细节图的最小层级时，细节视图中的内容将与概览视图保持一致，此时取景器的框选区域为整个概览视图。图 3 - 9 描述了概览和细节视图之间的耦合关系。具体来说，两者之间的耦合通常存在两种形式：一种为紧密耦合，另一种为松散耦合。前者是指用户在一个视图中的操作会即刻在另一个视图中得以反馈，而后者是指当且仅当用户完成交互操作后，相应的结果才会在另一个视图中得以响应。

"概览＋细节"式呈现常见于地理信息可视化。此时细节图与概览图之间构成了"部分-整体"的关系，概览图与细节图之间除了比例尺差异之外没有语义差别。除此之外，概览图还可以展现信息空间中的抽象关系，例如假设关系和"目标-方法"关系。虽然用户通过概览视图和取景器能够快速进行定位和追踪，但频繁地在两个视图之间切换将会增加用户在不同视场之间转换的认知负担。除此之外，当细节图放大至最顶层时，概览图中的取景器将会同时缩小至其最小的尺寸，此时用户将难以识别取景器的位置，从而无法通过取景器进行快速导航。

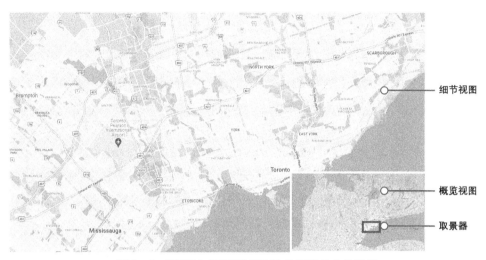

细节视图

概览视图

取景器

图 3-8　"概览＋细节"视图在信息可视化中的应用

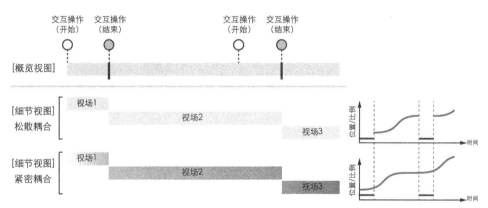

图 3-9　概览视图与细节视图之间的两种耦合模式

3.1.2.4　语义缩放式呈现

　　缩放式界面有几何缩放和语义缩放两种形式。几何缩放是指调整屏幕区域的变形程度对所显示的图形或内容进行几何外观上的放大与缩小，在缩放的同时不改变呈现对象的本质属性。人们在网页浏览器中通过改变显示比例，即可实现网页上文字、图片等信息要素的放大。此处将重点介绍语义可缩放呈现形式，下文中提及的"可缩放"均指语义可缩放。可缩放界面（Zoomable User Interfaces）又被称为多层级/层次界面（Multi-Scale User Interfaces）。顾名思义，用户可以通过可缩放界面对信息空间中不同层次、不同比例尺度中的信息内容进行探索,同时它也支持对于局部内容的几何放大。在可缩放呈现中,用户需要在层级之间切换,即从当前兴趣区域切换至其场景视图,从而获取对于整体信息空间结构的理解。这一过程可称为纵向导航;与此同时,用户可以通过平移视图的方式,对同层级的信息内容进行查看。此处将基于平移操作的浏览方式称为横向导航。图3-10展现了可缩放呈现方式中存在的两种导航方式。不论是纵向导航还是横向导航,兴趣区域与场景信息在时间维度上的分离将会对用户的工作记忆造成额外的负担。同时也增加了用户将前、后兴趣区域之间进行关联与整合的难度,这种难度又将导致心智地图构建错误或构建不完整。以上均可视为可缩放式多视图呈现环境中存在的视场转换损耗。下一章将对该概念进行重点阐述。同时,用户常常难以觉察前、后层级之间的变化,即出现变化盲视现象。以上两种情况都会导致迷航效应。

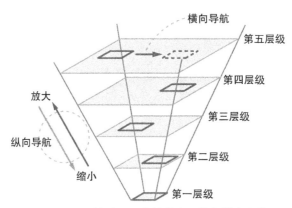

图3-10　语义可缩放呈现中的纵向导航与横向导航图示

　　语义可缩放呈现最常见于地图可视化中。随着用户对于层级的缩放控制,视场中所呈现的兴趣区域的层级将会在国家、省份、城市、区县、街道之间切换,这种行政层级的划分构成了基于地图的语义缩放可视化的核心;此外,语义维度还可拓展至包含层级、从抽象到具体的假定包含层级、部分与整体关系。在可缩放式呈现环境中,层级之间的切换可通过动画过渡或者瞬时变化的形式进行。瞬时变化是指当用户完成缩放操作后,视场中的兴趣区域会"突然"跳转至新的层级;而动画过渡则是基于连续的变换,其中变换形式包括视图形态的变化和图像透明度的变化。瞬时变化会加重在视图转换前后的变化盲视效应,并且增加了用户对于新视场内容的适应难度,从而增加了视场转换损耗。相比之下,连续的缩放变换则会时刻捕获用户的注意,从而保持良好的目标追踪水平。

3.1.2.5　多视图并置式呈现

多视图并置式呈现是指将多个视图同时呈现在显示屏幕中。按照每个视图中的内容与形式,本书将并置式多视图分为三类:异质同构多视图、同质异构多视图和异质异构多视图。所谓同质异构,是指视图中的信息可视化结构或视觉表征形式不同,但它们所描绘的数据种类相同,并且来源于同一个数据集。图 3 - 11(A)所示的数据板是通过 Splunk 在线数据可视化工具将 2020 年度全球各个国家的新冠肺炎疫情情况进行了呈现。图中视图(a)—(c)各自展示了全球新冠肺炎疫情数据的一部分。例如,视图(c)展现了各国家确诊病例数随时间的变化趋势,而视图(b)则展现了死亡病例数在全球范围的分布情况。不同的视图以不同的可视化结构展现了数据集的一部分,用户通过该同质异构数据能够获得较为全面的数据解读。异质同构多视图是指所有视图的可视化结构相同,但每个视图的可视化内容来源于不同的数据集。以图 3 - 11(B)为例,每一个小视图均以美国地形图为背景,以深色区域编码干旱情况的方式,展示了从 1950 年至 2012 年美国全境的干旱情况。其中每一年度的数据来源于不同的数据集。异质异构多视图多见于大型复杂信息系统的可视化中,例如图 3 - 11(C)中的视图分别展现了飞行器各部件及其飞行空间的状态参数、飞行动态轨迹等。每一个视图中的数据和信息均由不同的飞行传感器提供。

通过在不同视图中呈现不同类型、不同维度或时间序列中不同时间点位的信息,设计师能够在并置式可视化呈现方式中克服单一视图带来的空间局限性和视觉混乱问题。用户可以通过并置的视图获取信息空间的整体概览,同时也可以对不同视觉特征的信息进行解码和认知,比较信息之间的差异和相关性,并最终整合生成对于信息空间的认知框架。

在目前多视图并置式可视化呈现研究中,有三类问题已成为研究焦点。第一类问题是视图之间的协调问题;第二类问题是用户在视图之间进行注意焦点转移导致的注意管理问题;第三类问题是多视图信息的整合与心智地图构建问题。前两类问题实则一脉相承。首先,视图间的协调是指在可交互的可视化空间中,当一个视图中的交互操作完成后,交互反馈如何在另一个视图中得以体现。在 Splechtna 等人研究中,当用户在一个图表中点选某条信息后,与该图表同时呈现的其他视图中相对应的信息也会呈高亮显示,通过这种 Brushing & Linking 的方式可以让用户快速地掌握数据集之间的映射关系[221]。除此之

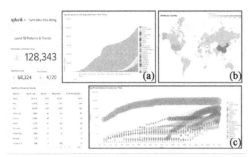

(A) 同质异构型多视图呈现方式

（图片来源：https://www.splunk.com/en_us/blog/leadership/bringing-data-to-covid-19.html）

(B) 异质同构型多视图呈现方式

（图片来源：https://www.nytimes.com/interactive/2012/07/20/us/drought-footprint.html）

(C) 异质异构型多视图呈现方式

（图片来源：https://territorystudio.com/project/the-martian/）

图 3-11　三类典型多视图呈现形式在信息可视化中的应用案例

外，还可以通过增加连线和视觉线索的方式增强视图之间的协调性。协调性不仅强调信息之间的同步，也强调用户对于同步性的察觉能力和理解能力。当用户能够快速觉察视图之间的关联性，此时他们的视觉注意连贯性会增强。尽管用户当前所关注的可视化场景发生了变化，但用户仍需要快速且高效地在视图之间进行注意转换[67,222]。在下一章中将针对可视化的场景转换问题进行详细阐述。

3.1.2.6　仿动画式和演示文稿切换式呈现

仿动画式和演示文稿切换式是两类较为相似的多视图呈现形式。在这两类可视化环境中，多个视图均在时间维度上序列式呈现，并且呈现空间堆叠的特征。当序列呈现的视图之间的间隔时间较长或者以用户响应的方式进行呈现时，可将该序列多视图视为演示文稿切换式；反之，当间隔时间较短时，又可以将其视为仿动画式。仿动画式多视图可视化呈现最早的灵感来源于电影的剪辑。在电影剪辑技术中,每一时间点所呈现的场景定义为"帧",每一帧之间的间隔约为 40 ms。极短的时间间隔加之从感觉层面、知觉层面、语义层面和整体表征层面对不同帧之间的场景内容进行衔接能够保证视觉和认知的连贯性。仿动画式和演示文稿切换式多视图呈现形式常见于时态信息可视化中,例如节点-链接图拓扑结构随时间的动态变化[137,223,224]、地理图像可视化[134]和物种迁徙地图[225]等。

除了上文中提及的视图间切换的时长差异外,本章将视图间切换的过渡形式划分为三类(图 3-12)。第一类过渡形式是"同时+平滑"过渡式,是指两个视图同时开始变化,其中前一个视图通过变形逐渐消失,而另一个视图逐渐显现。第二类过渡形式为"承接+平滑"过渡式,是指仅当第一个视图通过变形完全消失后第二个视图方才完全显示。第三类过渡形式是突变过渡式,这是通过瞬间场景切换的方式进行的视图转换。正如第 3.1.2.4 节中所述,平滑的过渡能够帮助用户保持客体恒常性,同时可以帮助用户追踪时间序列前后位置的目标或事件的变化趋势。但也有研究表明平滑过渡需要占用更多的时间,而在这段时间内,界面中信息产生的变形将导致用户无法准确地感知、追踪并理解时序前后的变化[226]。

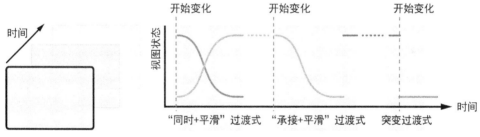

图 3-12 序列呈现的多视图可视化呈现中不同的过渡形式

3.1.3 多视图信息可视化形式在 TSS-Cube 中的映射

不同的多视图呈现形式常见于不同类型数据或信息的可视化中,同时具备不同的时间、空间和结构接近性或关联性。本节将把这八类多视图形式映射至 TSS-Cube 中,通过这种映射方式以期能够为未来的多视图信息可视化设计提供依据。首先,本书提出了多视图可视化呈现形式的时间、空间和结构维度接近性评判依据,见表 3-1。

表 3-1　多视图可视化呈现形式的时间、空间和结构维度接近性评判依据

维度	条件	评判依据
时间维度		C_1：多视图是否共用屏幕
	C_1＝否	C_2：视图间转换是否需要用户进行交互操作（例如点击鼠标等）
	C_2＝是	C_3：视图间转换是否需要时间
空间维度		C_4：视图间是否存在空间布局的交集
	C_4＝是	C_5：视图间是否存在变形
结构维度		C_6：多视图中的内容来源是否同质
	C_6＝是	C_7：视图中的内容是否具有结构或语义的关联性

接着对第 3.1.2 节中提到的所有多视图形式进行编号：① 具有页面筛选和过滤功能的单视图呈现；② 鱼眼视图；③ 基于正交拉伸的焦点加上下文视图；④ 基于 Rubber-Sheet 的焦点加上下文视图；⑤ 概览加细节视图；⑥ 突变过渡式语义缩放视图；⑦ 平滑过渡式语义缩放视图；⑧ 异质同构并置式多视图；⑨ 同质异构并置式多视图；⑩ 异质异构并置式多视图；⑪ 仿动画式多视图；⑫ 同时加平滑过渡演示文稿式；⑬ 承接加平滑过渡演示文稿式；⑭ 突变过渡演示文稿式。将以上十四种具体的多视图呈现形式按照表 3-1 中的评判依据，依次投射至 TSS-Cube 中（表 3-2）。

表 3-2　多视图可视化呈现形式在 TSS-Cube 中的映射

多视图呈现形式		单视图呈现 ①	鱼眼视图 ②	基于正交拉伸的焦点加上下文视图 ③	基于Rubber-Sheet的焦点加上下文视图 ④	概览加细节视图 ⑤	突变过渡式语义缩放视图 ⑥	平滑过渡式语义缩放视图 ⑦	异质同构并置式多视图 ⑧	同质异构并置式多视图 ⑨	异质异构并置式多视图 ⑩	仿动画式多视图 ⑪	同时加平滑过渡演示文稿式视图 ⑫	承接加平滑过渡演示文稿式视图 ⑬	突变过渡演示文稿式视图 ⑭
时间维度	C_1	○	●	●	●	●	○	○	●	●	●	○	○	○	○
	C_2	●	○	○	○	○	●	●	○	○	○	○	●	●	●
	C_3	○	○	○	○	○	○	●	○	○	○	●	●	●	○
空间维度	C_4	○	●	●	●	●	○	○	●	●	●	○	○	○	○
	C_5	○	●	●	●	○	○	○	○	○	○	○	○	○	○
结构维度	C_6	●	●	●	●	●	●	●	○	●	○	●	●	●	●
	C_7	○	●	●	●	●	●	●	●	●	●	●	●	●	●

注：●表示"是"；○表示"否"。

3.1.4 多视图信息可视化中的视场转换

在多视图信息可视化中,用户需要从一个视窗跳转至另一个视窗,此过程称为视场转换(Viewport Switching)。视场转换是多视图信息可视化呈现区别于单一视图最显著的特征之一。在多视场的可视化中,根据转换前后视场中的视觉表征样式、所表征的信息内容之间的关系,大致可以将多视图信息可视化中的视场转换划分为三种类型:表征方式变化且信息内容变化、表征方式不变但信息内容变化、表征方式变化但信息内容不变。

3.1.4.1 表征方式变化且信息内容变化的视场转换

在多视图信息可视化空间中,不同属性类别或来自不同数据源的信息通常会分布在不同的视图中。因数据的类型及数据的特征不同,在界面中会以不同的视觉表征样式来呈现。如图 3-13 所示,图中右侧从上至下的三个视图依次呈现了某城市三个不同的环境污染物监测点所测得的 $PM_{2.5}$ 指数、可悬浮颗粒指数以及监测点附近的车流量随时间的变化情况。根据数据的特征采用了三种不同的可视

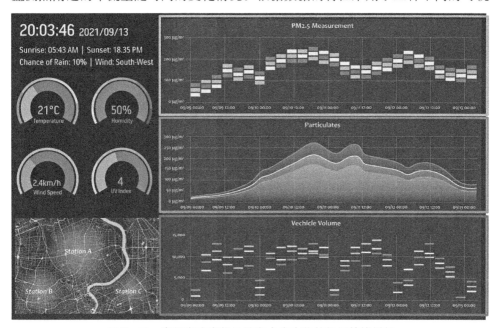

图 3-13 表征方式变化且信息内容变化的视场转换样例

化形式，并且用三种色相分别编码三个不同的监测站。当用户在一个视图中结束浏览后，需要通过可视化的认知表征转换（从瀑布图的表征样式转换至堆叠图的表征样式）来识别在不同监测站点测得的不同类型数据之间的关联。这种视场转换常见于数据仪表盘的设计中，用户需要从多个视图中获取决策判断线索，并对数据空间形成整体和完整的认知。不同可视化表征形式以及所表征的不同信息内容增加了用户对于新视场的适应时间，从而增加了在视场间的转换损耗。

3.1.4.2 表征方式不变但信息内容变化的视场转换

表征方式不变但信息内容发生改变的视场转换可见于三种情境中：视点平移、比例缩放和序列切换。如图 3-14 中的节点-链接图，用户在视场 1 中拖动鼠标对局部区域的节点和链接进行放大后得到了视场 2。从呈现的时间序列上，视场 1 和视场 2 属于次序呈现的关系；从表征方式角度，两者的可视化表征样式均属于节点-链接图。然而通过局部放大得到的新视场内的信息仅为视场 1 中所呈现信息的一部分，因此通过视场转换后，信息内容发生了变化。同理，通过单击鼠标平移视图可获得视点平移的效果（视场 2→视场 3→视场 4），在此过程中可视化表征方式均未变，但信息内容发生了变化。

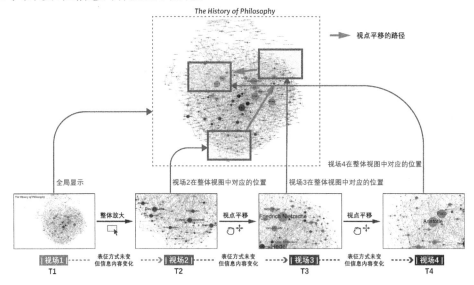

图 3-14　视点平移和比例缩放情境中的视场转换样例

注：图中上部虚线框表示整体可视化的形态，其中箭头表示视点平移的总体路径，方框表示视场 2～4 中呈现的局部形态在整体视图中对应的位置。

在图 3-15 呈现的气泡图中,视场的变换通过时序更新得以实现。图中不同色彩的气泡编码了不同类别的项目,气泡的大小编码了属性 C 的数值大小。项目的空间排序依据各自在属性 A 中的数值大小。每隔 ΔT 时间,新的视场将完全取代旧的视场。在视场变换前后,可视化图形的视觉表征样式未变,但随着时间的变化,每个项目在属性 A 中的数值相对大小,以及在属性 B 和属性 C 维度上的数值均发生了改变,因此气泡的顺序和大小发生变化,视场内容改变。

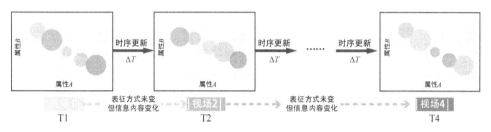

图 3-15　时序更新(序列切换)情境中的视场转换样例(扫码看彩图)

3.1.4.3　表征方式变化但信息内容不变的视场转换

当用户需要更全面地探索信息可视化空间所表征的信息时,他们需要从不同视角对可视化图像进行观察。此处视角的调节可通过切换可视化表征样式获得。如图 3-16(A)所示的可视化图像展示了 25 个国家在某年度的 GDP 数值排行。为了基于同样的数据并进一步探究各地区的发达、中度发达、贫困和重度贫困国家所占的比例,用户需要从图(A)中的曲线图切换至图(B)中的环状图。不同的可视化表征形式满足了不同的可视化任务需求。用户通过图(A)中虚线方框所示的下

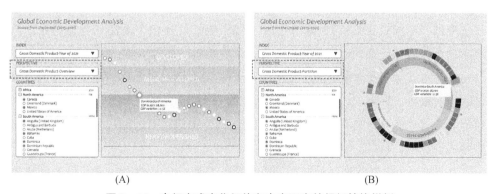

(A)　　　　　　　　　　　　　　　　(B)

图 3-16　表征方式变化但信息内容不变的视场转换样例

拉菜单对查看数据的视角进行点选，并实现视场的转换。在此过程中，不同可视化表征形式所描述的对象为同一批数据，即信息内容相同；但随着用户选择的视角不同而呈现不同的可视化场景。此类视场转换常见于可视分析平台中。

3.2 多视图信息可视化中的决策任务体系

了解可视化空间中的决策任务对于选择和构建合适的视觉表征形式具有重要意义，同时建立决策任务体系也是评价可视化系统的基础。决策者通过信息可视化来完成探索型数据分析，而探索型数据分析是由任务驱动的。任务是数据分析和信息可视化的动力，同时也决定了数据的整理格式、分析方法，以及数据结果的阐释方式。

3.2.1 信息可视化空间中的决策任务体系

有学者曾针对信息可视化中的决策任务，提出了多种决策任务体系用于归纳与系统性描述信息可视化空间中的任务。Shneiderman 基于数据种类列出七类可视化任务，其中包括：获取概览、放大至兴趣区域、过滤无关项目、选择任务相关项目、查看项目之间的联系、保存历史记录以及查询和提取参数[227]。Amar 等将分析型任务拆解为十个分析任务基元，包括：提取数值、过滤、计算派生值、寻找极值、分类、确定范围、定义数据分布趋势、寻找异常值、聚类和相关性分析[213]。对于静态可视化图形而言，Lee 等将可视化任务分为五类，分别为基于拓扑结构的任务、基于属性的任务、浏览任务、概览型任务和高层级任务[228]。Brehmer 和 Munzner 以任务的目标和方法为依据，构建了一个多层级的可视化决策任务类型体系。该决策任务体系从任务的目标（Why）、为了完成任务所需要开展的一系列交互操作（How）以及决策任务的输入和输出信息三个方面对信息可视化空间中复杂的决策任务进行解构。Why 部分从浅层到深层依次可分为浏览、信息搜索和查询三个高层次任务；How 部分则将用户所进行的交互操作按照交互逻辑与时间先后依次分为编码、操作和引入三类操作步骤[214]。

Andrienko 根据数据项目的类型将分析任务划分为基础型任务和概要型任务两类。其中基础型任务是指对于单个数据项目的查看；概要型任务是指对于由多个数据项目构成的数据集的查看。概要型任务又可划分为描述型任务和连接型任务两类。在 Andrienko 提出的任务体系（Andrienko Task Framework，ATF）中，根据数据项目在决策任务中扮演的角色（分析目标或分析的约束条件）又可将任务划分为查询、比较和查找关系三类。查询任务是以特征为约束条件，以数据项目（所指物）为目标的任务类型；比较任务是一类寻找关于两个/组数据项目/集合之间关系的任务，它是以关系为约束条件，以特征为目标的任务类型；查找关系任务则与比较任务相反，它是以特征或所指物为约束条件，以特征为目标的一类任务。图 3-17 展示了 ATF 中可视化分析可能出现的约束条件。ATF 为众多信息可视化决策任务类型的定义和描述奠定了基础。除此之外，面向特定的数据结构，譬如静态网络数据可视化[229]、时间序列数据可视化[223]和动态图可视化[230]等领域均存在特定的任务分类。

　　上述任务架构在任务分类体系的宽泛性和领域性之间常常存在一种权衡。当面对特定的数据分类时，过于宽泛的任务架构将难以准确概括用户针对该类型数据所需要完成的决策任务；同理，面向特定数据或者可视化种类而提出的任务体系则较难推广至其他信息可视化领域。这种权衡的根源在于不论是从抽象的任务角度出发，抑或是从特定的数据或信息本身出发，均会产生不确定性。因此，下文中将从多视图信息可视化空间本身的属性出发来概括可视化呈现环境中的决策任务。

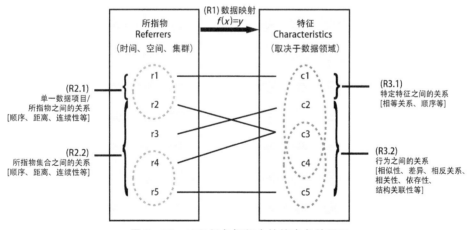

图 3-17　ATF 任务框架中的约束条件图示

3.2.2　基于多视图信息可视化的决策任务

　　本节将结合 Andrienko 提出的任务框架，并且考虑用户在多视图可视化呈现环境中执行决策任务所涉及的视图数量，对多视图信息可视化中的决策任务进行梳理和总结。

3.2.2.1 多视图信息可视化中的决策任务分层形式

在定义具体的任务之前，首先将用户可能执行的任务划分为简单、中等和复杂三个层次。第一类任务为信息读取类任务；第二类任务为关系构建类任务；第三类任务为整体感知类任务。信息读取类任务是指用户从多视图可视化中直接获取信息而不需要经过高层次的认知加工。常见的信息读取类任务包括数值提取和简单关系比较。在此类任务中，用户常常只需要使用或关注可视化空间中的某一个视图，便可以完成任务目标。因此对于用户的工作记忆要求和注意管理方面的负担较小。以图3-18为例，图中展示了近三十年中全球十六个国家的新生儿死亡人数和国民人均寿命随时间的变化（以五年为一个可视化时间单元）。用户可以通过时间索引和坐标信息直接从图中读取 Timestamp-2 中编号为 C-1 的国家人均寿命数值。关系构建类任务是指用户需要从多个视图中依次提取信息，并且需要对提取的信息进行比较，从而得出比较关系或结论。例如，用户需从图3-18中分析近十年中（横跨两个可视化单元）C-8的医疗发展水平。首先用户需要对 C-8 进行定

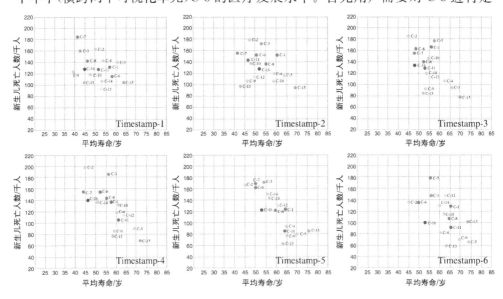

图3-18　十六个国家人均寿命与新生儿死亡人数随时间变化的可视化（扫码看彩图）

注：图中彩色编码的为参与"二战"的国家；灰色编码的为未参与"二战"的国家。

位,其次需要通过横向比较两个视图中 C-8 的坐标信息,并且通过长时记忆中的知识存储去推理并得出结论。在这类任务中,用户不仅需要对信息进行搜索和定位,同时需要激活工作记忆并通过工作记忆机制对序列获取的信息进行提取和比较,因此用户在完成此类任务时的工作负荷通常较高。整体感知类任务是指用户需要通过多视图的浏览,对信息可视化空间所表征的信息内容进行整体感知,并形成心智地图。

通常可以将以上三类任务视为层层递进的关系。信息读取类任务是最初级的任务,是关系构建和获取整体感知的基础。所有基于信息可视化的决策任务均需要建立在获取数据和信息的基础之上。关系构建是指在第一步所获取的信息中构建数据或信息之间的关系。随着用户对于可视化空间的熟悉,他们需要获取全局意识来作为深入探索的驱动,并激发产生式思维。图 3-19 展示了三类任务的关系,这也是构建决策任务的基础框架。

图 3-19 多视图信息可视化空间中的决策任务体系基础框架

3.2.2.2 信息读取类任务

信息读取类任务通常仅涉及多视图中的某一个视图。信息读取类任务一般只包含信息搜索的过程,是一类停留在感知层面的任务,它不涉及更高层次的加工。信息读取类任务又可划分为查询和浏览两个类别[214]。当用户提取了信息之后,需要对信息进行深度加工和挖掘,因此就步入第二层次的任务。此外,在一些包含异常值的和数值阈限的数据场景中,用户常常需要通过信息读取来判断系统是否处于安全状态。当用户的决策环境存在时间压力或可视化空间的视觉复杂程度过高时(例如,医疗救援或飞船运行状态监控),用户需要通过借助视图中的辅助线索来快速定位和识别所需要的信息。这些视觉线索包括增强视觉凸显性的视觉编码或与视觉相匹配的听觉编码等。

3.2.2.3 关系构建类任务

通过关系构建类任务,用户需要寻找两个或多个所指物或特征状态之间的关系。通常情况下可以根据此类任务中所需的视图数量将其细分为简单关系构建类任务和复杂关系构建类任务两类。具体来说，简单关系构建类任务是指用户的任务目标是寻找某一个视图中两个所指物之间的关系。在这种情况下，用户仅需要在第一层次任务的基础上对获取到的信息进行数值比较或寻找时序关系等。复杂关系构建类任务是指用户需要在多个视图中搜寻线索，并进行信息块的比较。再次以图 3 - 18 为例，当用户需要比较 Timestamp-4 和 Timestamp-5 两个时间片段中 C-9 的平均寿命变化，那么他们就需要依次在两个视图中分别搜索到 C-9，并读取坐标信息。当用户结束某一个视图的信息读取任务时，他们需要将信息暂存工作记忆中；当他们跳转至另一个视图时，需要重新进入信息搜索和读取的工作流程。

在该过程中，如何保持用户在获取新信息的前提下能同时保存工作记忆中存储的内容是非常关键的问题。当用户获取的信息越多，工作记忆中的负载越高，此时有限容量工作记忆中存储的内容将会被新的内容更新，所以用户可能需要不断地回访之前的视图以补偿工作记忆的衰减[231]。同时，当用户跳转至新的视图时，他们需要花费额外的时间和认知资源去适应新的可视化场景。此时，由多视图可视化所带来的视场转换损耗将增加。下一章将针对此类现象作深入探讨。此外，在关系构建类任务情境中，除了比较所指物的属性值或特征状态之外，还存在一类特殊的任务情境。在同质异构的并置式多视图呈现环境中，用户需要寻找不同视图所表征的属性之间的关系。例如在图 3 - 11（A）所示的全球（部分国家）新冠肺炎疫情情况可视化中，用户需要寻找在某一时间段内中国境内的新增确诊和新增死亡病例数目之间的关系。这种相关性的获取不仅基于单一数据点的提取，更在于用户对一段时间内所指物变化特征的感知。可以将其理解为从"点"层面信息之间的比较升华为"线"层面或"面"层面的信息之间的比较。

3.2.2.4　整体感知类任务

整体感知类任务对用户理解整个可视化界面和可视化空间提出了较高的要求，整体感知是产生思维、生成知识和激发智慧的基础。在整体感知类任务中，用户需要对多视图呈现环境中的信息生成宏观和全局的意识。例如，在语义可缩放可视化界面中，用户需要通过纵向和横向导航的方式对信息空间进行层级式的探索。以 SpaceTree 为例[232]，在这个案例中用户的整体感知的对象包括每个母节点的子节点数量、母—子节点间的包含关系，以及每个节点在层次信息空间中所处的"位置"，这对于用户的工作记忆提出了更高的要求。整体感知不仅是针对单一属性的整体演变趋势的感知，也包含多个属性的变化趋势及其相关性和回归性的感知。此处将前者定义为单维度整体感知任务,将后者则定义为多维度整体感知任务。整体感知类任务不仅仅强调对离散的数据或信息的获取,更强调信息点之间的关联和对这种关联性背后所蕴含逻辑的推理。

3.2.3 基于多视图信息可视化的决策任务体系

在上述三类决策任务中,信息读取类任务可以视为对离散的信息点的加工,以获取信息可视化空间中的地标性信息或知识。关系构建类任务是对信息之间相互关系的认知与加工,此类任务一般涉及同一视图中两个不同项目或类别的信息,或不同视图中不同类目或相同类目信息之间的关系,用户可通过此类任务获取对于多视图信息可视化空间的程序性知识。整体感知类任务则是对于整个可视化空间所表征信息的认知,是对于事件的整体面貌特征或属性之间相关性等关系的理解,由此可获得概览性知识。表3-3对这三类任务及其亚类任务做了列举(以图3-18中所示的可视化情境为例)。这三个层次的任务难度依次递进。相应地,用户完成任务所需要消耗的认知资源也呈现递增趋势;在完成任务过程中所需要浏览的视图数量也会递增,随之而产生的视图间注意管理任务的难度也将成为一种挑战。本书第3.3.2节将针对多视图信息可视化中的注意管理问题进行详细阐述。

表3-3 多视图信息可视化中的任务层次分类

任务类型	任务亚类	视图数量*	任务举例
信息读取	(信息)查询	1	T1:读取 Timestamp-3 中 C-9 国家的新生儿死亡人数
	(信息)浏览	1	T2:指出 Timestamp-3 中人均寿命最高的国家编号
关系构建	简单单项属性关系	N	T3:比较 Timestamp-3 和 Timestamp-4 中 C-9 的人均寿命变化趋势
	简单多项属性关系	1	T4:比较在 Timestamp-3 中 C-9 和 C-13 的人均寿命哪个更高
	简单类别属性关系	1	T5:比较在 Timestamp-4 中参与和未参与二战的国家之间人均寿命
	复杂类别属性关系	N	T6:指出在 Timestamp-5 和 Timestamp-6 中,参与和未参与二战的国家人均寿命的变化趋势

续表

任务类型	任务亚类	视图数量*	任务举例
整体感知	单维度整体感知	ALL	T7：指出 C-9 国家新生儿死亡人数随时间的整体变化趋势
	多维度整体感知	ALL	T8：指出未参与二战的国家整体的新生儿死亡人数与人均寿命之间的关系

注：“视图数量*”是指用户在完成每个任务亚类中的任务单元时，需要参考的视图数量。

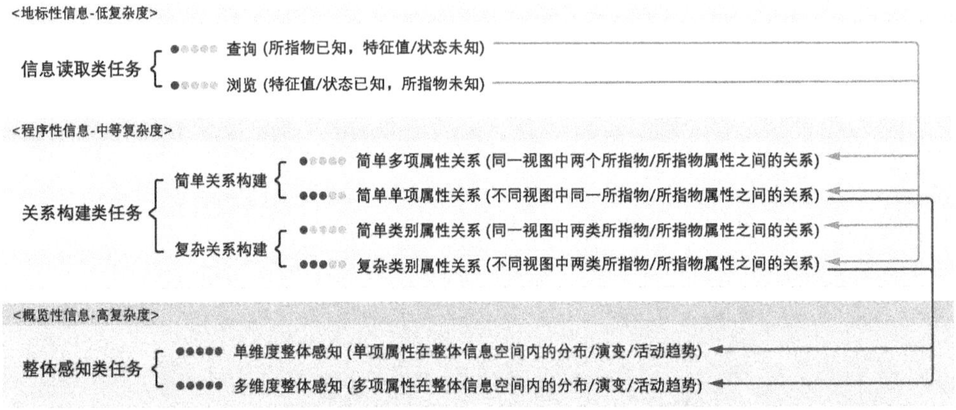

图 3-20　多视图信息可视化空间中的具体任务、相互关系和复杂程度的递变趋势

本书提出的多视图可视化决策任务体系是从用户在执行决策任务的过程中通用的任务、所指物和目标物的关系、完成每个任务单元所需要涉及的视图数量这三个方面对多视图信息可视化空间中的决策任务进行梳理。基于图 3-19 中提出的决策任务基础框架，此处通过图 3-20 展示基本任务框架中具体的任务、相互关系和复杂程度的递变趋势。图中所列出的八类任务可基本涵盖多视图信息可视化空间中的所有的决策任务。

3.3　多视图信息可视化中的交互认知流程

正如 Pirolli 和 Card 在信息觅食理论中提出的类比，面对可视化的信息时，用户的行为就像动物在自然界觅食一般[233]。这种类比包含两层含义。从信息本身的角度来说，与任务相关的信息通常散布在可视化空间中，需要用户通过搜索的方式进行逐一识别；从人与信息可视化交互的角度来说，用户倾向于花费最少的资源和能量并追求获得更多、更新的信息。此处引入认知效率（Cognitive Productivity）

这一概念来表征用户在开展认知运算或工作时输出的效率。如何保证用户以最节省认知资源的方式获取最大化的认知效率，是可视化设计师需要考虑的问题。如本书第 3.2 节中的阐述，用户在多视图可视化呈现环境中可以直接获取信息，或对信息进行进一步的加工从而构建离散的信息之间的关联，最终生成对于信息可视化表征对象的整体意识。本节将从人与多视图信息可视化空间的交互认知视角，对其中人的认知流程进行分析。

3.3.1　认知流程研究概述

认知流程（或称认知过程）是对于大脑处理信息、产生思维并进行协调与控制这一系列运作的概括。发展心理学家从信息加工的视角将认知加工划分为注意、工作记忆和长时记忆三个阶段，其中注意阶段负责引入新的信息，工作记忆负责保持信息在大脑中的活性以便随时调用和操纵，长时记忆是将信息长期存储在记忆中以便将来调用。在后续研究中，Hills 和 Pake 将认知加工流程细分为选择注意对象、将捕获到的信息与已有的知识或图式相结合、整合新的信息以更多地了解当前所关注的对象或事件、在大脑中对事件进行"可视化"并最终输出行动这几个步骤。这一系列的认知加工流程又可大致概括为编码、存储和提取三个阶段。人的认知流程又可通过双重加工理论来解释，该理论认为人的认知功能是在分析推理系统和直觉系统交互作用下得以实现[234]。信息最初通过注意捕获机制被人感知和编码，进而在工作记忆和长时记忆两者的自上而下和自下而上双向作用下进入决策阶段，最终生成决策判断结果。

3.3.2　人与多视图信息可视化中的交互认知流程

相比简单的图形感知以及由单一视图构成的简单可视化来说，多视图可视化呈现更强调用户对于多视图中信息的整合。在整合的过程中强调工作记忆的参与——控制注意焦点和注意对象、对信息进行暂存、对暂存的信息进行简单加工等。本书结合双重加工理论模型，对多视图信息可视化中的整体认知流程建立了概念模型，如图 3-21 所示。对同一视场中的信息的加工大致需要经历注意捕获、认知编码以及深度加工等阶段。在注意捕获之前，用户需要对注意的导向路径进行规划（即注意控制，对应第 2.2.2.2 节中的 AOD，如图中箭头①所示）。除了视图中信息的视觉属性之外，注意控制会受到来自工作记忆中暂存的信息的引导（如图中箭头②所示）。从注意控制到注意捕获，再到由工作记忆中存储的信息对注意控制的引导这几个步骤构成了注意管理环路（Attention Management Loop）。当用户对某一视场中的信息视觉加工完毕后，将通过视场转换跳转至新的视觉场（如图中箭头④所示），并开启新的注意管理环路。当进入新的视场时，用户需要对新的可视化场景进行认知表征与构建，并进行注意重定向（Attention Reorientation），在此过程之中将产生视场转换损耗。在下一章中将对此进行详述。

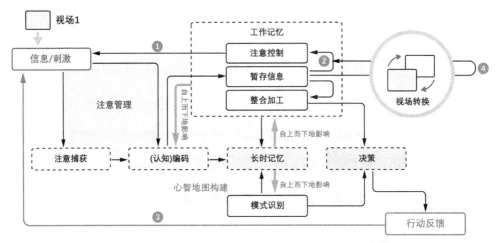

图 3-21　人与多视图信息可视化空间的交互认知概念模型

当信息经过认知编码进入工作记忆后，将在长时记忆的影响下进行整合加工。需要注意的是，整合加工既存在对于同一视场内的信息的整合，也存在对于不同视场内的信息的整合。前者表示用户对同一视场内依次获取的线索加以整合；而后者表示用户需要将从不同视场内获取的决策线索进行关联和分析，并形成概括性的阐述，进而生成决策或分析结果。工作记忆中对于已有的决策线索的整合结果又将自上而下地调控认知编码过程。认知编码与人的记忆机制交互作用从而构成了心智地图构建环路（Mental Map Construction Loop）。

在多视图可视化呈现环境中，视图之间存在不同程度的关联性，这种关联性既体现为视图中所表征的信息本身的关联性，也表现为交互联动性。当用户对某个视图中的信息进行筛选或修改时，其余视图中的信息也会做出相应改变。因此，用户的行动反馈会改变随后待感知的信息或刺激（如图中编号③的箭头所示）。本书将注意控制环路与心智地图构建环路定义为人与多视图信息可视化空间交互认知中的核心要素。

本章小结

　　本章从多视图信息可视化中的视图呈现方式、决策任务体系和认知要素三个方面展开论述。首先罗列了多视图可视化空间中几种典型的视图呈现方式,并以此阐述了它们各自的特征和适用情境,通过建立时间-空间-结构/语义接近性立方体将典型的多视图呈现方式进行横向比较。随后是从信息可视化的表征空间到决策(任务)空间的递进。在该部分中,将决策任务划分为信息读取类任务、关系构建类任务和整体感知类任务三个层次(复杂程度由低到高),并提出了基于多视图信息可视化的决策任务体系。最后是从决策(任务)空间到认知空间的递进,建立了人与多视图信息可视化交互认知概念模型。

4

第四章　信息可视化空间中的
视场转换损耗理论研究

引言

　　本书第二和第三章曾提及在多视图可视化中，视图间的切换会使得用户消耗额外的认知资源用于适应新的视场、去重新调整注意导向路径。同时，分布在多个视场中的信息也增加了认知整合的难度。本书将多视图呈现环境中由于视图切换所导致的用户在注意管理和心智地图构建方面所额外消耗的心智努力或信息加工资源定义为"视场转换损耗"。视场转换损耗属于转换损耗的一种形式，因此本章将首先从视场转换损耗的定义切入，随后从视场转换损耗的表现形式、产生机理和影响因素三个方面展开分析研究，构建"视场转换损耗"的概念体系，并采用"听觉辨识—目标计数"双任务范式对视场转换损耗加以验证。

4.1　视场转换损耗概念的提出

4.1.1　转换损耗的定义

　　转换损耗（Switching Cost）是指在任务发生变动的情况下产生的信息加工成本，它可体现为反应潜伏期的延长或反应准确率降低。转换损耗有以下三类常见的形式：第一类为任务转换损耗，第二类为模态转换损耗，第三类为注意集转换损耗。

　　任务转换损耗是指相比于单一的任务模式，当用户需要在两种任务构型或者双任务中完成任务切换时，在切换后的任务模式中会经历更长的反应时间。早期任务转换损耗的相关研究采用了简单判别任务验证了任务转换损耗的存在。例如在图 4-1 中，用户需要判断每张图片中的数字的奇偶性或字母属于元音还是辅音，且两类任务在任务序列中交替、随机出现。此时用户在转换条件下的反应时间明显长于重复条件，且判别准确率也有所降低。任务转换不局限于任务模式的转变，当感知刺激的来源发生转变时（例如声音刺激的频率发生改变），也会使得判别反应时间增加[235]。

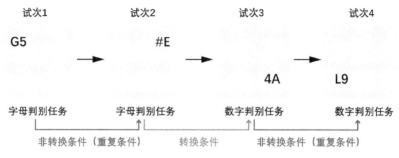

图 4-1　任务转换损耗实验范式图示

模态转换损耗可视为任务转换损耗的一种特殊形式。具体来说，当用户所需要进行判别的感知模态发生了变化之后，判别反应时间将会延长。如图 4-2 所示，试次 1 为视觉通道内的判别任务，而试次 2 则为听觉通道的判别任务，用户在试次 2 和试次 3（转换条件）中的反应绩效比试次 4（非转换条件）低。这种由感知通道切换而产生的反应时间延迟（相比于单一通道的判别任务而言）可称为模态转换损耗。第三类转换损耗是注意集转换损耗。当用户扫视一系列不同颜色的目标时，目标颜色属性的变换将导致眼动准确度和眼动潜伏期增加[236]。人的视觉认知倾向于优先处理与注意集相匹配的目标对象，因此，当注意集的特征发生变动时将会产生反应延迟，这类反应延迟即可称为注意转换损耗。

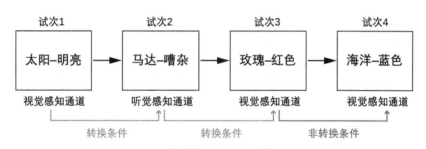

图 4-2　模态转换损耗实验范式图示

4.1.2　视场转换损耗的定义

上文分析了转换损耗的三类表现形式，虽然任务转换、模态转换和注意集转换损耗的成因不一，但其背后的产生机理都源于面对新的任务集或刺激对象时，原本流畅的任务流突然受到了干扰或中断。由此可以推断，当人们在可视化空间中视觉惯性被干扰或打破，则同样将会出现转换损耗。如本书 3.1.4 节中介绍的多视图信息可视化空间中的三类视场转换形式,每一类都将打破用户在浏览信息可视化空间过程中的视觉连贯性。由此可以推断,视场的转变将同样会导致转换损耗的产生,本书将其定义为视场转换损耗。视场转换损耗属于转换损耗的范畴,它是指用户在处理视觉连贯性被打破这种情况时额外需要消耗的信息加工资源,同时它也是指为了整合多个视场内的信息所消耗的认知资源。

Kortschot 等通过记录鼠标移动的动作潜伏期验证了当视场发生改变后,用户的行为会变慢,并且推测这种延迟现象与注意脱离(从上一个视场中)和注意投入(至新的视场)有关[152]。Convertino 等和 Ryu 等通过眼动追踪技术发现,当可视化场景发生转变时,视觉注视点数目会减少,同时眼动扫视的范围和注视轨迹长度均会降低[67,222]。这种粗粒度的眼动表征因子揭示了在不同情境中开展视觉浏览任务所产生的认知负荷变化趋势。据笔者通过文献查询和追踪考证,针对多视图可视化空间中的视场转换损耗的研究成果较为缺乏,已有的研究多数将重点放在注意资源的分配方面。本书提出的视场转换损耗研究框架,将从注意管理和心智模型构建两个角度对视场转换损耗的表现形式、产生机理和影响因素展开研究。

4.2 视场转换损耗的表现形式

根据本书第 3.3 节中对多视图信息可视化空间中用户交互认知流程的分析,本书将视场转换损耗的表现形式归纳为两方面——注意管理和心智地图构建。

4.2.1 注意管理中的视场转换损耗

4.2.1.1 多视图可视化中的注意管理

正如 Herbert A. Simon 所言,面对海量的信息,人类的注意资源显得极为稀缺。注意资源的稀缺性一方面可体现为信息加工能力的有限性,另一方面可体现为可供神经元进行注意保持的资源有限。从第一方面来说,根据信息论,人的感觉加工的能力达到了 10^6 bit/s,然而有意识的加工能力仅为 120 bit/s。因此,大脑需要采用过滤机制对感觉器官接收到的信息进行筛选,仅允许一小部分信息进入高层次的认知加工模块。这种筛选机制即为注意。从另一方面来说,外界环境中可感知的信息量递增将导致认知疲劳。鉴于上述两点原因,人们需要启动筛选机制,对重要的且与任务相关的信息进行优先注意加工。这种对于注意加工对象进行优先性排序的过程称为注意管理(Attentional Management)。

以图 4-3 为例,图示为 2021 年 9 月加拿大某城市街区确诊新冠肺炎人数地图。其中红色越深的图形符号表示该社区确诊人数越多。用户需要通过缩放和平移视图对该城市确诊人数最多的社区进行定位。右图对可视化视场转换后的视觉注意焦点转移路径进行了示意,其中视觉注意焦点通过眼睛注视点表征(右图中的圆圈),右图展示了实线与虚线两条视觉注意转移路径。相比之下,虚线所示的转移路径从注意转移起始点至目标(终点)所经历的路径更短,在此情况下用户的视觉注意直接锁定了任务目标。然而实线所编码的路径则经过了很多干扰项。在虚线所编码的视觉注意转移路径中,用户可以在合适的时间关注到视场中最核心,且与当前任务最相关的信息部分,因此注意管理水平相对更高。

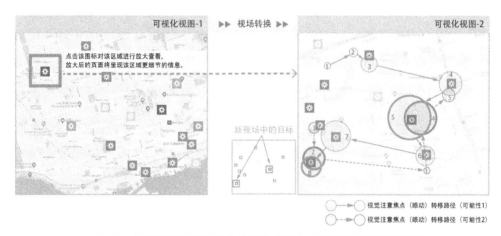

图 4-3　多视图信息可视化中的注意管理水平示意图(扫码看彩图)

注:右图中粗实线标注的视觉注意焦点示意为击中目标,右图中圆圈直径表示注视的时长。

在多视图信息可视化空间中,伴随着任务的进展和可视化页面的切换,可视化对象和视觉焦点也会发生转移。基于人类视觉系统的特征,用户在多视图可视化场景中进行浏览和探索的过程也可以近似地视为相继发生的视觉查看任务,即符合相继发生的多任务特征。由于注意残余的存在,这种快速转换任务表征的需求常常成为限制相继发生的多任务工作效率的瓶颈。保证用户的视觉注意(焦点)能够高效且准确地在不同视觉场中发生转换,以及确保视觉注意的转换能够克服用户在上一个视场中的视觉认知惯性,是多视图可视化中需要解决的问题。注意管理是多视图可视化环境中重要且又常常被忽视的任务环节。为了更好地理解多视图可视化中的注意管理过程，本书引入了注意重定向（Attentional Reorientation）概念。

4.2.1.2　注意管理中的注意重定向过程

重定向（Reorientation）概念始于空间认知和空间导航领域，它是指在间隔、干扰或迷航后人们重新确立自身位置信息（包括自我参照和客体参照位置）的行为过程[237]。它是一种在空间迷航之后恢复对于环境空间表征的能力。在重定向过程中，人们需要快速转移他们的注意力，并且改变他们的行动方案以应对新的注意场景。在以人机交互界面为载体的场景转换中，注意可以在不同编码维度、不同编码属性、不同视域范围内的事件之间，不同感知通道之间，不同任务集之间进行转换，这些场景均包含重定向过程。

基于本书2.2节中对于信息可视化空间与实体空间两者之间构建的概念隐喻分析，在视场发生切换后，用户需要对新的视觉对象的表征形式和构型进行快速感知，并以此重新确立视觉注意流线以及对接下来的眼动行为进行规划。本书将这一过程定义为注意重定向。注意阶段可以划分为前注意加工阶段和注意加工阶段两部分。其中前注意加工阶段的功能为通过边缘视觉识别场景信息，并形成主观原始草图存储于图像记忆中；而注意加工阶段则是对于信息进行深度且精细的加工。因此，注意重定向过程属于前注意加工阶段的注意管理。视场转换后在注意重定向过程中所耗费的认知资源和心智努力可视为视场转换损耗的表征指标。

4.2.1.3　注意重定向与视场转换损耗

在多视图信息可视化空间中，注意重定向是对于新的视觉场景的认知表征过程，是在大脑中快速地建立对于新场景的概览以进一步对注意导向做出指引。注意重定向的难度能够影响用户在新的视觉场中的视觉浏览与分析任务的完成度。本章第4.5节将针对注意重定向与视觉任务的发生次序关系，以及注意重定向对可视分析整体任务绩效的影响进行研究。

通过注意重定向的定义不难得知，注意重定向的难度越高，表明用户需要花费更多的认知努力用于适应新的可视化场景。换言之，在转换视场和启动视觉注意转移（注意管理）阶段用户面临更多的挑战。因此，在此情况下用户的视场转换损耗将更多。相反地，注意重定向的难度较低，表明用户能够高效地构建新视觉场景的认知表征，这种场景认知能够快速且有效地引导注意管理。也就是说，在视场发生转换后,用户能够较好地保持视场之间的连接和视觉连贯性,此时视场转换损耗较低。

　　注意重定向阶段受内源性和外源性两类影响因素影响。内源性影响因素源自人的工作记忆对于视觉注意的控制能力,外源性影响因素则源自可视化对象的表征和视觉呈现方式。本书第4.4节将对此作详细阐述。从多视图信息可视化的设计角度来说,如何通过可视化的表征和呈现方式来降低用户在视场转换过程中注意重定向过程的难度,并降低视场转换损耗是迫切需要解决的问题。在本书第五章将对此展开深入研究。

4.2.1.4　注意管理与决策的关系

　　如本书绪论中第1.2.1.4节所述,本书将重点讨论用户基于多视图信息可视化做决策的过程。从宏观的决策视角来看,决策线索的获取与加工整合中的任一环节都将影响甚至决定着用户在多视图信息可视化空间中的决策质量、决策速度,以及用户对于决策结果和过程的元认知。视觉注意是决策线索获取阶段最重要的认知机制,因此注意管理和注意重定向过程的效率也决定了用户在决策线索获取阶段的绩效。此外,从微观视角来看,注意管理和注意重定向中的每一步均可视为决策,即基于注意导向的决策。因此,注意管理与决策之间存在密不可分的联系。

4.2.2　心智地图构建中的视场转换损耗

4.2.2.1　多视图可视化中的心智地图构建

　　本书第2.2.1.2节曾对实体空间中的心智地图概念进行了介绍与阐述。本书将心智地图定义为用户对于信息可视化空间中呈现的信息以及信息层次和结构的理解,它属于心理表征空间范畴。确切来说,信息之间的层次与结构是通过可视化中的局部视觉表征形式、整体的视图以及视图页面的呈现进行显化,因此在多视图信息可视化空间中,用户对于视图、页面之间关联性的理解是心智地图构建中最核心的要素。可以将心智地图视为一种在大脑中构建起来的对于信息空间的简化模型。这种简化模型可以通过自上而下的方式帮助用户在信息可视化空间中搜寻决策信息线索,同时能够辅助用户在信息空间中寻找到可视分析的结论。

　　在构建心智模型的过程中,最核心的步骤为整合(图4-4)。在人的大脑中,整合不仅仅是算术意义上的叠加,更涉及对于信息语义和拓扑结构的深层加工。对

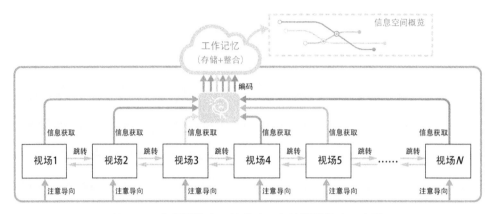

图 4 - 4　多视图信息可视化中心智地图的构建示意图

于多视图信息可视化空间而言，不同视图在时间、空间和结构上的分隔势必会影响用户对于不同视图中信息线索的整合加工。随着信息空间结构和内容复杂性的增加，信息空间中的互联方式超越了层次结构，因此用户需要通过多次交互和频繁的页面跳转来对决策线索进行选择和获取。在此过程中，搜索到的信息会暂存于工作记忆中，并以工作记忆为场所，通过工作记忆与长时记忆的交互作用不断完善对于信息可视化空间心智地图的构建。与此同时，视图间切换而导致的额外注意管理也会同样占用工作记忆的空间。因此，工作记忆所承载的负荷将会增加。在此情况下，如何为工作记忆减轻负载，同时又能帮助用户更好地形成对可视化对象的整体认知是急需解决的问题。本书第六章将重点针对此问题展开研究。

4.2.2.2　心智地图构建与决策的关系

心智地图是认知空间中的重要因素，也是连接信息空间与决策空间的桥梁。如图 4 - 5 所示，心智地图是用户对于信息空间结构、内容及时序关系复杂性的认知与表征，同时心智地图的构建决定了决策空间中用户对于决策线索获取与访问的策略，也能够影响用户对于信息可视化空间中所呈现信息的评估与选择。多视图信息可视化空间中频繁的视场转换使得用户工作记忆负荷增加，从而难以构建完整且正确的心智地图。在这种情况下，用户在信息可视化空间中会出现迷航现象，即不清楚自己当前所访问的信息节点与历史访问节点之间的关联，以及如何规划下一步的访问路径。

除此之外,不全面或不正确的心智地图还将诱发决策偏见。从宏观的决策(任务)视角来说,决策偏见来源于用户将不成比例的认知资源投入某些局部项目中,因而忽视了其他信息,从而导致对全局信息识别、记忆和认知的不完整。当用户大脑中对可视化场景的表征构建出现偏差时,他们会将有限的认知资源投入到与任务目标不紧密相关的部分,从而导致认知效率低下。从微观的注意导向决策角度来说,由于人的注意容易受到偏见的影响,工作记忆中存储的信息表征(包括结构表征、场景表征等)又将影响注意导向和转移的路径。

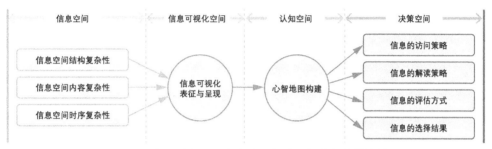

图 4-5　多视图信息可视化中的心智地图构建与决策的关系

4.3　视场转换损耗的产生机理

如本书第 4.1.1 节所述,在任务转换情境中,当人们在两个控制过程中进行切换时,反应潜伏期将会延长。这种反应延迟现象可能来源于从之前的任务完成过程中积累的惯性或承接效应[238,239],或来源于一个原本流畅的任务流突然受到了干扰或中断[240,242]。基于前人对于其他形式转换损耗的产生机理分析思路与研究结论,本书将从前摄干扰和场景适应两方面概括视场转换损耗的产生机理。

4.3.1　视场转换中的认知控制

当用户从一种任务模式(即"刺激—反应"映射关系发生改变)、感知模态或注意集转换至另一种相对应的模式、模态或注意集时,注意资源会受到中央执行控制的调配,本书将这种自上而下的控制称为认知控制(Cognitive Control)。认知控制是指在确立当前任务目标、对任务的优先性进行排序以及在构成竞争关系的反应模式之间消除冲突的一类任务过程或所投入的认知资源[242]。

认知控制一方面的作用是对记忆中存储的反应和行动策略进行调控；另一方面的作用是对当前的认知运算的流程进行"监控"。监控当前认知运算流程的目的在于纠正和规划下一步的行动模式，并且启动相应的动作反馈[243]。当视场中的可视化场景发生转换时，用户首先需要对转换前后的场景进行辨识。由于视觉注意存在惯性，当新的视场呈现后用户会在上一个视场中建立的视觉浏览模式指导下浏览一段时间。同时，当新的视场被辨识后，视场发生转换这一信号会触发认知控制中的监测机制。当视觉浏览模式并不符合当前视场中的可视化场景时，认知控制功能会对其进行纠正并对纠正后的浏览路径进行规划。本书认为，在多视图可视化中，视场转换后的视觉注意导向不仅受到来自视场中信息的自下而上影响，也受到来自认知控制的自上而下作用（图4-6）。

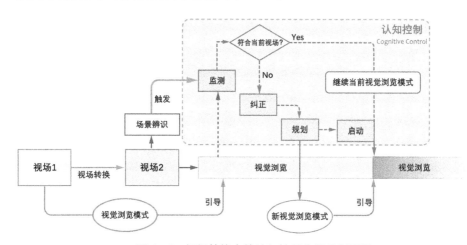

图4-6 视场转换中的认知控制作用机制图示

在上图的认知控制作用机制中，可以将其中的纠正与规划过程归纳为认知抑制，它原是指用户对于原有行为模式的抑制[244]。在视场转换中，认知抑制表现为对于原有视觉浏览模式的调整。与任务转换模式中的认知抑制不同的是，当从前一个视场转换至当前视场时，可视化界面中并不存在外显的线索来引导用户启动认知控制机制，而是需要通过场景辨识。因此，增加前后视觉界面中的视觉辨识性和视觉凸显性将有助于场景辨识，从而触发认知控制。此外，在多视图信息可视化空间中，由于视场呈现的时序特征，来自前一个视场的干扰对当前视场的干扰又称为前摄干扰。抑制前摄干扰的作用是调节视场转换损耗的方法之一。

4.3.2　来自历史浏览视场的前摄干扰

4.3.2.1　前摄干扰理论

前摄干扰通常是指大脑中存储的旧信息对新信息的记忆提取造成的干扰[245]。在任务转换情境中,转换损耗是来源于暂时或长时记忆的对于任务集的激活与抑制,以及对于任务集的重构所消耗的时间。同时,由于任务集表征存在惯性,在构成竞争关系的前一个任务中所建立的"刺激—反应"模式将对之后的任务产生前摄干扰,进而诱发任务转换损耗[246]。此处前摄干扰的本质为前一个任务带来的持续的启动效应(竞争性启动),以及对当前任务的抑制效应(负面启动)。抑制前摄干扰的核心就是克服任务认知表征模式的惯性。通过前人对任务转换损耗的产生机理和前摄干扰理论的分析,本书认为前摄干扰是造成视场转换损耗的因素之一。

4.3.2.2　视场转换中的前摄干扰

在前一个视场中建立的视觉浏览模式,或整合而得出的视场内全局意识对当前视场的视觉行为和认知理解的干扰可视为视场转换中的前摄干扰。从视觉感知和浏览层面来说,在前一个视场中建立的视觉场景感知表征,以及受该感知表征引导的视觉浏览行为偏好和特征将影响用户在新视场中的视觉浏览行为。从信息的深层加工层面来说,由于语义启动效应的存在,在先前访问的视场中通过认知整合得出的视场内全局意识或判断结果将会影响用户在当前视场中的判断。这两种前摄干扰可归因于注意惯性。在旧视场中建立的行为模式将产生后效应,并作用于新的视场,使得用户在新视场中保持原有的视觉行为模式。当新视场与旧视场存在相似度或差异度很高这两种极端状态时,保持原有的视觉行为模式将诱发注意迷航和注意隧道等负面认知效应。

以图 4-7 为例,图(a)展示的变量(温室气体排放量)随年份呈增加趋势,实则我们期望该变量随时间呈现递减趋势以反映对于温室气体排放的调控,此时图(a)所包含的决策与判断框架为负框架。用户会根据图(a)中两条线的曲率和最终平台期对应的数值对两条线所表征的国家进行比较。在图(b)中,我们期望人口应随时间呈现增长趋势,此时决策判断框架为正框架。用户在图(a)中建立的负框架会对图(b)的决策判断产生影响,此为语义启动干扰造成的视场转换损耗。由于图(b)与图(c)的可视化表征样式不同,同时视觉表征样式会自下而上地引导视觉注意的转移路径,因此,用户在图(a)和(b)中建立的视觉浏览模式将会对图(c)中的视觉浏览造成干扰,从而在图(c)中导致视场转换损耗的产生。

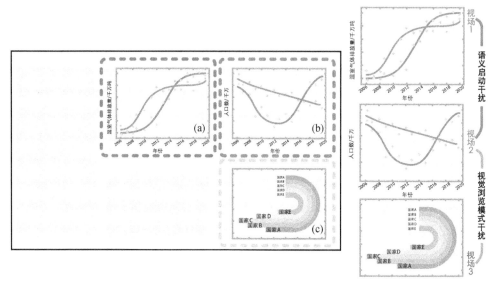

图4-7 多视图信息可视化中的前摄干扰示意图

4.3.3 来自对当前视场的场景适应

4.3.3.1 场景适应模型

前摄干扰是指旧视场对新视场的作用,它侧重于视场之间的作用。而场景适应理论则立足于当前视场来分析视场转换损耗的产生机理。Tseng 和 Li 研究发现,在视觉搜索的早期阶段(亦称为早期探索阶段),眼动扫视路径混乱且搜索效率极低(即扫视路径偏离搜索目标)。但当当前的视场与旧视场重复时,早期探索阶段的时间将会缩短。Tseng 和 Li 认为这种重复视场所产生的视觉搜索促进效应来源于前后视场中所共有的场景线索为视场构型的识别与匹配提供了"绿色通道"[247,248]。对于视场内视觉构型的认知能够引导随后的视觉搜索,本书第 4.2.1.2 节也曾提及视觉搜索可划分为前注意加工和注意加工两个阶段,此处将前注意加工阶段构建场景概览和视觉构型认知的过程称为对当前场景的适应。

4.3.3.2　视场转换中的场景适应

如图 4 - 7 所示,从图(b)跳转至图(c)时,可视化表征发生了变化。图(b)中用户需要观察与追踪的是曲线状态随着时间的变化,以及两条曲线之间的形态差异;然而在图(c)中所呈现的环形柱状图则需要用户追踪环形终点所对应的横坐标值,以及若干条环形之间的终点位置差异以获得彼此间的差值。由于可视化中能提供的场景线索发生了变化,用户需要改变先前在散点(+曲线)图场景线索下构建的注意导向策略,并在新视场中重新进行可视化场景的前注意加工,从而完成视觉注意的重定向过程。

通过上述分析,可以认为来自历史访问视场中的前摄干扰与当前视场中的场景适应实则为并行的作用过程,它们是导致视场转换损耗的两个方面。场景适应的目的也是降低旧视觉构型对新场景中视觉搜索产生的抑制和干扰作用,因此上述两个方面并非独立的作用机制。在本书随后几个章节将针对视场转换损耗的调控与影响机制进行研究,在此之前需要对视场转换损耗的影响因素进行概括。

4.4　视场转换损耗的影响因素

4.4.1　视场转换损耗的内源性影响因素

上文所述的两类视场转换损耗的诱因均受到认知控制的调节。认知控制是作用于工作记忆中的认知过程,它依赖于工作记忆中的资源来对新的信息进行存储、对旧信息进行替换并对相关信息进行整合。然而工作记忆资源具有有限性,因此这种有限的资源将会制约认知控制机制,同时也会影响认知整合的效能,从而影响视场转换损耗。

工作记忆由认知控制(又称为中央执行控制)、语音环路、视觉空间模板及场景缓冲器构成。其中语音环路可划分为语音存储和语音重演两部分,它是对语音信息或从视觉信息转化而来的语音信息的短暂记录机构;视觉空间模板是对视觉信息的存储,它通常一次仅能保持 3 至 4 个项目。认知控制是对语音环路和视觉空间模板这两类机构工作状态的监控,是控制注意资源分配的重要机制。第 4.3.1 节已对认知控制的工作机制进行了详述。在工作记忆中,场景缓冲器是对工作记忆中短暂存储的场景与长时记忆的融合以构建整体场景认知的机构，是认知整合的发生场所。

在多视图可视化空间中，工作记忆资源的有限性决定了人们在筛选、过滤和整合工作记忆中存储的信息；控制不同视场内的视觉浏览模式是构建场景概览时面临的挑战。例如，用户在浏览多视图信息可视化空间并进行可视分析的过程中，当视图数量众多或需要频繁切换视图以获取更多信息和更全面的空间理解时，工作记忆常会出现超负荷运行的现象，并造成工作记忆维持水平的衰减甚至遗忘，此时用户需要采用回视的策略对工作记忆中的信息进行复位。因此，在多视图可视化的设计过程中需要采用相应的策略对工作记忆进行卸载。

4.4.2 视场转换损耗的外源性影响因素

4.4.2.1 可视化中的视觉线索

视觉线索（Visual Cue）是一种可以捕获注意的非内容信息。MacEachren 归纳了十二种视觉变量，包括颜色、动画、透明度、方位等[249]。有些研究认为这些视觉变量能够作为视觉线索，并能有效引导视觉注意在不同视场之间转移[154,250]；有些则认为在可视化中增加视觉变量反而会增加视觉认知负荷[251]。本书将信息可视化中的视觉线索划分为内隐型视觉线索和外显型视觉线索两类。

（1）内隐型视觉线索

内隐型视觉线索是一类嵌入在信息可视化中的较为隐晦的视觉线索。内隐型视觉线索与其注意引导功能之间并未建立明确的功能映射关系，因此用户需要通过直觉，或通过理解和推理等发掘内隐型视觉线索，从而借助它们来引导视觉注意的转移。如图 4-8 所示，将定量、定序和定性数据用不同色彩进行编码，不仅能够提高数据类型的感知辨识度，同时能够增强视图内［尤其是图（A）平行坐标图中］视觉对比的能力。用户通过相同或相近色相的色彩可以快速掌握图（B）地形图中的数据空间分布情况，减少了在新的可视化视场中进行视觉注意重定向所需要付出的心智努力。除了图 4-8 中所示的通过静态色彩编码构建视图间联系这种方式之外，还可以通过增加交互反馈的方式允许用户根据任务需求建立多视图之间的联系。例如，在 Brushing & Linking 方式中，当用户将鼠标悬停在某个数据点，或者通过框选的方式对某个视图中的数据进行批量选择时，其他视图中的相关数据也会被突出显示[252,253]。

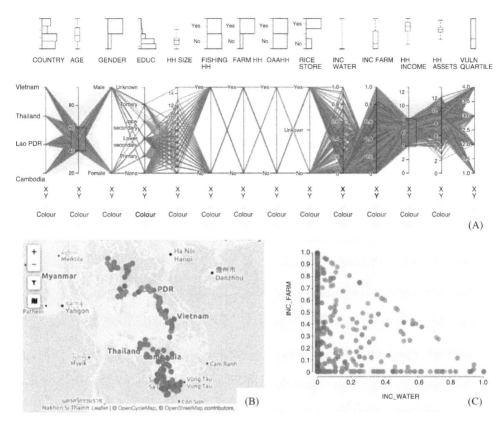

图4-8　内隐型视觉线索在多视图信息可视化中的应用案例(扫码看彩图)

除此之外,还有多种方式可以作为多视图信息可视化空间的内隐型视觉线索。统一多个视图中的视觉框架可用于保持视图之间的协同,并辅助用户进行跨视图的信息提取与整合,这一方法在异质同构式多视图并置可视化中较为常见。当所有视图均保持同样的可视化表征框架时,用户在其中一个视图中建立的视觉搜索框架与策略,以及语义解码机制能快速地迁移至新的视图中,从而可以降低注意重定向的难度。

(2)外显型视觉线索

外显型视觉线索是通过凸显的视觉元素直观地示意视图之间的关联。Waldner等人提出了通过视觉连线的方式对多应用、多窗口的显示界面进行管理[254]。此处视觉连线是指通过连续的形状,诸如直线、曲线,在表面连接多个相互关联的信息,从而创建一个整体的图形式。如图4-9(A)所示的基于视觉连线的视图管理系统中,当用户在源窗口中选择某一数据点时,此时界面中将会呈现一系列的连线。这些连线将指向目标窗口中与该数据点相关的信息。这种直观的视觉元素能够帮助用户高效地进行视觉导航,并建立视图间的联系。但添加连线的方式势必会遮挡界面中的信息。为了有效避免遮挡现象,Steinberger等开发了如图4-9(B)所示的基于场景保持的视觉连线可视化方法[255]。这种基于视觉显著性的图像分析方法既能够产生相关信息之间的连线,同时可以保持连线沿着视图的边界进行延展,从而将视觉线索对于可视化内容的干扰程度降至最低。

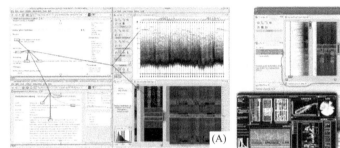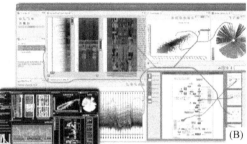

图 4 - 9 外显型视觉线索在多视图信息可视化中的应用案例

此外,保持概览图层的可见性也可视作一种外显型视觉线索。例如,在第3.1.2.3节中介绍的"概览+细节"多视图可视化呈现方式中,概览图能够提供视图变化前后目标物体的相对方位、动向以及状态概览。这种类似于"长焦"的方式能够增强用户对于视图之间关联性的理解。

4.4.2.2 可视化中的工作记忆卸载

由于人们的工作记忆容量存在有限性,因此需要通过卸载人类认知所承受的负荷,去帮助他们克服心智局限性,并将认知努力的程度最小化,从而追求最高的认知收益。在这样的理念指导下,本书提出将工作记忆卸载(Working Memory Offloading)方法作为工作记忆的辅助工具。工作记忆卸载的核心是寻找到表征化信息的"储藏所"。在多视图可视化空间中,不论是在基于注意导向的决策过程中,还是在基于心智地图的决策过程中,用户都试图将他们的主观期望效用最大化,即保持表达式 $P \times G - C$ 的结果获得最大值(式中 P 为问题求解步骤所能达到的目标概率;G 为目标的效用;C 为采用求解方法所产生的代价或消耗)[256]。因此,用户会借助可视化界面中现有的视觉要素,或借助其自身的肢体动作来对工作记忆的负荷进行轻量化处理。

4.4.2.3 可视化中的场景切换准备

在任务转换场景中增加转换任务集之间的时间能够延长用户对新任务集的准备时间，以此降低任务转换损耗。在多视图信息可视化空间中，前后视场之间的切换持续时间也将成为影响视场转换损耗的因素之一。该持续时间能够帮助用户建立对于新视场的预期，并且为接下来的视觉浏览任务做准备。此外，在转换持续的过程中对前后视场之间的差异性进行可视化也将会影响视场转换损耗。有研究表明，通过平滑的动画形式展示转换前后视场之间的联系能够帮助用户追踪视场的变化，增强用户对于转换前后视场关联性的构建，并且保持视觉连贯性[257,258]。

在时间-空间-结构/语义接近性立方体中，在时间接近性较高的多视图可视化呈现环境中，视场转换所经历的持续时间非常短暂。因此，试图通过延长视场转换的持续时间的方法来调控视场转换损耗的鲁棒性效率并不高。本书第五章和第六章将从可视化设计的视角针对视场转换损耗的影响机制展开实验研究。

4.5 对视场转换损耗的实验验证

上文对多视图信息可视化空间中的视场转换损耗概念体系进行了定义和梳理，本节将对多视图信息可视化空间中的视场转换损耗展开实验验证。实验将基于多资源理论（Multiple Resources Theory，MRT）模型，采用多任务并行的任务范式，比较在不同信息密度的可视化视场转换过程中的视场转换损耗，对注意重定向和视场转换损耗进行进一步定量化研究，并建立视场转换后注意资源管理的概念模型。

4.5.1 对可视化中信息的视觉加工过程的探索

本章第4.2.1.2节提出了注意重定向的概念，并将其视为前注意加工阶段对于注意资源的管理。注意重定向过程所消耗的认知资源可用于表征和定量化研究视场转换损耗。那么，注意重定向与视觉任务之间存在何种事件次序关系？两者之间存在的关系又将如何影响可视分析的整体任务绩效？

诚然，针对视觉任务中的注意重定向这一问题取得的成果并不多，但前人对于视觉搜索和浏览的认知过程进行了大量的探索。从视觉浏览和视觉搜索整体任务角度出发，Castelhano 等将视觉搜索划分为目标定位和目标确认两个独立阶段[259]；基于此，Malcolm 和 Henderson 又进一步地将视觉搜索过程划分为"搜索启动—扫视浏览—目标确认"三个独立功能阶段[260]。Tseng 和 Li 将视觉浏览划分为初期探索阶段和目标击中阶段[247,248]。从微观的每一次视觉注意转移事件角度，每一个视觉注意单元可以抽象化为注意导向和注意保持两个阶段[261]；Posner 和 Presti 将注意导向过程抽象为"脱离—转移—投入"三个阶段[262]。图 4-10 展示了这些典型的视觉加工过程功能阶段划分方式。

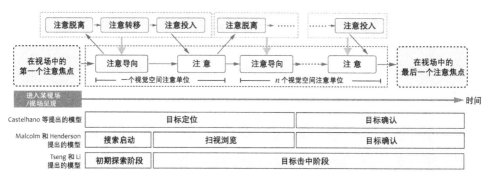

图 4-10　视场转换后的视觉加工过程功能阶段划分

然而，上述提及的模型仅聚焦于视觉搜索过程，而忽略了视场转换之后的视觉注意重定向过程，因此也未能描述注意重定向和常规的视觉浏览两个阶段之间的关系。值得注意的是，本书将与目标任务直接相关的视觉空间注意转移过程定义为常规的视觉浏览，而非简单的目标搜索或目标击中。据此，本书在 4.5.2 节中提出了三种假设的视场转换过程中注意管理概念模型，用于描述注意重定向与视觉浏览的事件发生次序，并将对其进行验证。

4.5.2　视场转换过程中注意管理的概念模型构建

(1) 假设模型一："注意重定向—视觉浏览"相继式概念模型

本书首先基于中枢瓶颈理论提出了第一种假设模型，即"注意重定向—视觉浏览"相继式概念模型(图 4-11)。该模型假定注意重定向与视觉浏览在时间维度上相继发生，即当用户刚进入新的视场时，首先将经历注意重定向过程，随后才进入常规浏览模式。在此情况下，对于该视场的总体浏览时间取决于注意重定向阶段(T_1)和常规视觉浏览阶段(T_2)的时间总和，即 $T = T_1 + T_2$。

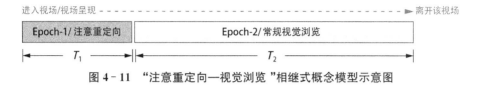

图 4-11　"注意重定向—视觉浏览"相继式概念模型示意图

（2）假设模型二："注意重定向—视觉浏览"并行式概念模型

基于多资源理论，本书提出了第二种假设模型即"注意重定向—视觉浏览"并行式概念模型（图 4-12）。该模型假定注意重定向与视觉浏览在时间维度上并行发生，即注意重定向和常规视觉浏览任务被视为相互独立的认知事件。换言之，注意重定向任务的效率并不影响常规视觉浏览任务的效率，在该视场内的总体浏览时间仅取决于常规视觉浏览任务，即 $T = T_2'$。与假设模型一相比，该模型更强调两个事件的独立性，并强调它们的事件发生时间窗口的起点重合。

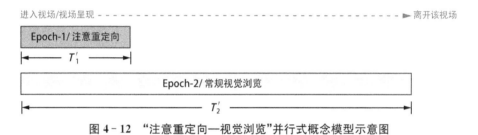

图 4-12　"注意重定向—视觉浏览"并行式概念模型示意图

（3）假设模型三："注意重定向—视觉浏览"混合式概念模型

基于 Kahneman 的资源有限理论[263]和资源共享理论[264]，本书提出第三种假设模型，即"注意重定向—视觉浏览"混合式概念模型（图 4-13）。该模型假定当用户进入新的视场时，可以同时进行注意重定向和常规视觉浏览。但由于两者为同时发生的事件（类似于双任务实验范式），因此在最初阶段常规视觉浏览任务的绩效将会因为同时存在的注意重定向任务而受到损耗。同理，注意重定向过程中的任务绩效也会受到常规视觉浏览任务的影响。该假设模型可视为假设模型一和模型二的混合。资源有限和资源共享理论支持双任务并行的事件发生模式，并认为当两个任务需要同时执行时，有限的资源需要在两个任务之间进行动态的调配。当加工资源倾向于投入 Epoch-1 中时，Epoch-2 所分配到的资源将会减少，因此对于 Epoch-2 中刺激的反应时间将会受到延迟。相比于上述两个假设的概念模型（模型一与模型二），该模型既强调注意重定向和视觉浏览这两个认知事件之间的相互影响，也强调两者分别具有不同的功能，且共用中央处理资源。

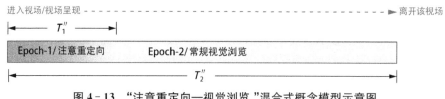

图 4-13 "注意重定向—视觉浏览"混合式概念模型示意图

4.5.3 对视场转换损耗和注意管理概念模型的实验验证

为了验证注意重定向与视觉浏览事件的发生次序（即验证第 4.5.2 节提出的三类假设模型），并进一步探究在此过程中产生的视场转换损耗，本实验采用了听觉辨识和目标计数双任务范式。该实验研究主要解决以下三个具体的研究问题：研究问题 1：当视场发生转换之后，注意重定向阶段将以何种次序和何种形式影响用户在该视场中的视觉浏览任务？研究问题 2：如何定量化地研究注意重定向阶段所消耗的认知资源？研究问题 3：注意重定向阶段所消耗的认知资源是否会受到视场中视觉信息密度的影响？

4.5.3.1 实验整体框架

本实验的视觉刺激界面是对可缩放呈现的抽象。正如本书第 3.1.2.4 节分析，在可缩放呈现中，视点的变化通常可体现为视场内容的变化。在可视化界面中，可将这种层级的变化简化为信息密度的变化。在本实验中，参与者需要对具备相应编码属性的目标项目进行计数，其中所有项目呈现在具有不同信息密度且依次呈现的视觉界面中。为了尽可能还原可缩放呈现的真实使用体验并提高实验的生态效度，本实验将该视觉任务作为实验的主任务且明确告知参与者。基于此主任务情境，参与者需经历由粗略逐渐过渡到细节的过程，首先需要在整个视场中进行场景感知进而对目标进行搜索，接着在工作记忆中进行目标计数。与此同时，参与者需要完成听觉连续辨识任务，即在两种频率（200 Hz 和 1 000 Hz）的警鸣声刺激之间做选择反应。听觉刺激每 1 100 ms 呈现一次，且两类声频刺激在刺激序列中随即呈现。实验设计细节将在第 4.5.3.4 节具体说明。图 4-14 展示了本实验的框架。

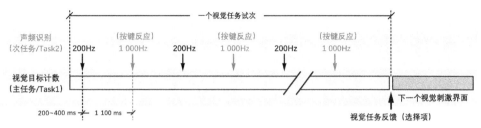

图4-14 基于双任务范式的视场转换损耗的验证实验框架图

在实验过程中,参与者首先需要对每一个视觉界面中的所有编码进行逐一加工,并对目标编码进行定位,其次需要不断地转移视觉注意以识别整体界面中所有目标物体。在视觉搜索和定位过程中,参与者需要采取序列计数策略对目标的数量进行求和,并抑制对已经定位的物体进行重复定位和计数。在序列计数过程中,语音工作记忆作为一种工作记忆的辅助,可对计数结果进行短暂的存储。根据多资源理论,表4-1对本实验中的主次任务在感/认知过程、感知通道和加工编码三个维度上的映射关系进行了梳理。

表4-1 双任务范式中实验任务的解构与 MRT 概念模型映射结果

任务等级	任务名称	任务细分	MRT 概念模型映射
主任务	视觉目标计数	视觉搜索	认知(过程)+视觉(通道)+空间(加工编码)
		目标计数	认知(过程)+听觉(通道)+语言(加工编码)
次任务	声频识别	声频识别	感知(过程)+听觉(通道)+语言(加工编码)

4.5.3.2 实验测量因子

在实验过程中,主任务的完成时间被定义为从视觉刺激界面呈现开始到参与者在界面左侧(图4-16)所提供的三个选项中选出计数答案所经历的时间,记为 T_{Visual}。对于次任务,主要记录在声频刺激出现的每一个时间点上用户的反应状态和反应时间。依据信号检测理论中对于反应状态的分类,用户对于声频信号的反应可划分为正确捕获、正确拒绝、遗漏和空警报四类。每一个时间点的反应时间 (T_n,n 表示记录时间点位的序号,以第 1 100 ms 的声频刺激为起点)和空警报率 (False Alarm Rate,FAR)、正确捕获率 (Hit Rate,HR) 三项指标作为实验的主要测量变量。在信号检测理论中,通过 FAR 和 HR 可以计算出在特定时间点上参与者的感知灵敏度 (d') 和反应偏好 (β)[265],如公式5.1和5.2所示。

$$d' = \Phi^{-1}(HR) - \Phi^{-1}(FAR) \qquad\qquad (5.1)$$

其中,HR 为正确捕获次数与信号总数之间的比值;FAR 为空警报与非信号(即噪声)之间的比值。Φ^{-1} 是计算 HR 和 FAR 的 z 得分的一种函数。

$$\beta = e^{\left\{\frac{[\Phi^{-1}(FAR)]^2 - [\Phi^{-1}(HR)]^2}{2}\right\}^2} \qquad\qquad (5.2)$$

4.5.3.3 实验基本原理与假设

本实验将通过次任务(声频识别)实际消耗的认知资源随时间的变化来推断主任务实际消耗的认知资源。其中,认知资源消耗量随时间的变化是针对相邻两个搜索界面所形成的单一试次而言。具体来说,实验将通过从第一个声频刺激反应时间点到第 8 个刺激反应点的听觉选择反应时间、空警报率(FAR)、正确捕获率(HR)以及通过信号检测理论(SDT)计算公式得出的 d' 和 β 来表征听觉任务的绩效、警觉性以及持续注意力所消耗的认知资源量(实验中测得在 1 239 个试次中,参与者对声频刺激作出反应次数的众数为 8)。当次任务的绩效降低时,表明其实际所能消耗的认知资源量较少,因此视觉任务实际所占用的认知资源量增多。随着视觉搜索和计数任务的推进,视觉任务所占用的认知资源量将呈现线性增加的趋势。倘若视场转换会消耗额外的认知资源,那么这种在单一视图中进行视觉搜索所呈现的线性资源消耗的趋势将会被打破。图 4-15 展示了实验测量变量等与认知维度和视场转换损耗之间的逻辑推理关系。

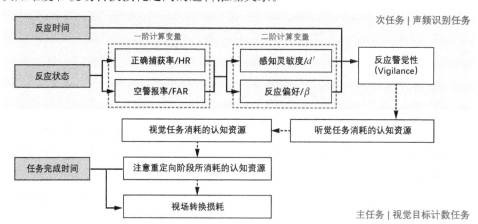

图 4-15　实验测量变量、计算变量和认知维度三者与视场转换成本量化之间的逻辑关系

注:图中灰底框表示实验中的直接测量变量;虚线框内为一阶和二阶计算变量;白底框内为变量所反映的认知维度和认知特征。实线箭头表示可以通过 SDT 中的计算公式获得,虚线箭头表示可以通过推断的方式获得。

根据资源有限理论及多资源模型,可以建立以下假设:

研究假设 1:当可视化呈现界面发生转换后,视觉任务中会存在一段时间内的注意重定向过程,并且由于该过程的存在,人们可分配给次任务(声频识别)的中央执行加工资源将减少;

研究假设 2:随着主任务的进展和注意重定向过程的完结,该过程所占用的认知资源将被释放,进而次任务的完成绩效将会提升。听觉任务的反应绩效可作为衡量视觉通道中视场转换损耗的方法;

研究假设 3:在不同密度的可视化转换过程中所消耗的注意重定向过程不同。

4.5.3.4　实验方法

(1) 参与者情况与实验设备

为确保统计检验力并确定实验样本量,在实验前通过 G* power 软件进行先验分析[265]。结果表明 28 人的样本量可以在显著性水平($\alpha \leqslant 0.05$)和统计检验力($1-\beta$)为 0.8 时检测出中等大小的主效应($f=0.25$)。实验共招募 31 位在校学生作为参与者,其中男性参与者 15 名,女性 16 名,平均年龄 25.5 岁(SD=1.4)。在实验开始前,所有参与者签署实验知情同意书,均参与并通过了石原氏色盲检验且矫正视力为正常,并且都具备正常的听力水平。实验在东南大学人因工程实验室开展,实验室内的光照强度正常且无噪声。本实验程序通过 E-Prime 2.0 编写,并通过 E-Prime 采集行为反应数据,实验程序的编写与呈现均在 Mechrevo X6S 笔记本电脑上进行。声频刺激通过 Shure SRH440 耳机播放,声音强度保持在 45 dB。参与者坐在距离显示屏正前方 600 ms 至 750 ms 的位置。外接的脚踏板(Prime Weld TIG225X)与笔记本电脑连接,以采集参与者对于听觉信号的动作反馈。

(2) 实验组块设计

本实验将转换前后界面中的视觉信息密度作为实验的自变量,共分为四个水平:高密度—高密度(HH)、低密度—高密度(LH)、高密度—低密度(HL)、低密度—低密度(LL)。正式实验采用被试内的实验设计方法,每位参与者需要经历 40 个视觉任务测试试次,其中每个水平各 10 个试次。所有视觉任务试次采用完全随机的方式呈现,且平均分布于 8 个实验组块中。组块间设置有 2 min 的休息时长。8 个实验组块又平均分配在 2 个实验单元中,实验单元间设置有 5 min 休息时长以避免长时间持续注意引发的视觉疲劳。在正式实验前设定了练习环节来帮助参与者熟悉实验中的视—听双任务范式。在练习环节中共设置有 40 个视觉任务试次

(共8个实验组块)以确保所有参与者能熟练掌握实验任务方法,并且能够达到一个较为稳定的绩效水平。练习试次与正式实验中的任务模式完全一致。

(3)视觉任务的实验样本设计

由于界面的显示空间固定(945像素×945像素),因此视觉任务界面的密度取决于界面中包含的搜索项目的数量。高密度中项目总数(128±5)约为低密度界面(64±3)的两倍,即两者密度比约为2∶1。如图4-16左图虚线框所示,视觉任务界面中包含有四类编码。其中灰色圆点为背景项目,红色、蓝色和绿色圆点为待搜索项。实验前从CIE-L*a*b*色彩空间中选定了上述三类色彩编码,并且保证两两之间的色差均值(ΔE)为131.9(SD=9.4)。色差值近似相等可避免视觉凸显性诱发的注意捕获。待搜索项目的色相和色彩属性值见表4-2。在每一个试次中有一种色相的编码被指定为目标搜索项,其余两类则被列为干扰项。尽管实验界面具有密度差异,但目标搜索项目的个数保持基本一致(13~18个),同时干扰项和目标项的数量总和也保持均等水平(40~54个)。因此,所有界面中的有效密度保持相同水平[267]。在制备视觉任务界面时,目标项均布在各象限以避免视觉搜索中的视野不对称效应[268]。

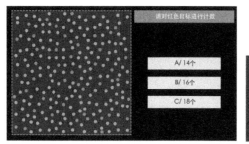

高密度视觉任务界面　　　　　　　　　　低密度视觉任务界面

图4-16　实验测试界面(左图)和实验组块的构成(右图)(扫码看彩图)

表4-2　视觉任务界面中所包含的色彩编码及其属性值

代号	色彩名称	R/G/B	ΔE		
			C_1	C_2	C_3
C_1	MUNSELL 2.5R/7/10	254/143/149	—	—	—
C_2	MUNSELL 7.5GY/7/10	129/193/70	123.161 3	—	—
C_3	MUNSELL 10B/7/10	53/187/244	141.810 5	130.708 3	—

（4）听觉任务的实验样本设计

为了确保参与者对于两种不同频率的声频刺激具有较强的识别能力,实验中分别选择 1 000 Hz 和 200 Hz 的正弦波音调作为声频刺激,声频刺激呈现时间为 100 ms,刺激间的间隔为 1 100 ms。高低频音调将随机出现以防止出现期望效应。当参与者听到高频刺激时,需要踩脚踏板作为动作反馈。

（5）实验任务反馈

在视觉任务中,用户通过 Q/T/P 三个按键(分别对应测试界面中的 A/B/C 三个选项)对视觉任务做出反馈;参与者的按键通过 E-prime 记录,通过与正确答案的比较得出视觉任务的出错率。对于听觉任务而言,对于声频刺激的反应时间与反应状态亦通过 E-prime 记录。

4.5.3.5　数据分析方法

通过方差齐性检验确保实验数据呈正态分布(或通过数据转换后呈正态分布)后,针对听觉任务,以转换前后的界面密度水平(因素 A:4 个水平)和声频信号时间点(因素 B:8 个水平)为双因素,首先对于因素 A 中各水平在不同时间点位中的反应时间、FAR、HR 等进行重复测量分析;其次,采用多元方差分析将因素 A 与因素 B 的主效应及交互效应作为分析对象。针对视觉任务,采用单因素方差分析方法对信息密度的主效应进行分析。声频刺激反应时间在 ±2 倍标准差(SD)之外的数据将予以剔除。据此,每一种密度水平下剔除的试次分别占 2.22%（HH）,1.74%（LH）,1.90%（HL）和 2.02%（LL）。统计分析的置信区间均设定为 95%,即 α 为 0.05。

4.5.3.6　实验结果与分析

（1）目标计数任务完成时间

表 4-3 列出了在四种密度水平中视觉任务的完成时间。当视场转换后为高密度界面时,目标计数的任务完成时间要大于视场所转换后为低密度界面条件下所产生的完成时间。经单因素方差分析,界面信息密度的主效应并不显著[$F(3,120)=0.534$,Sig. $=0.660$]。

表 4-3　目标计数任务完成时间及标准差

密度水平	高密度—高密度	低密度—高密度	高密度—低密度	低密度—低密度
任务完成时间/ms	11 494.295	11 708.420	10 975.875	10 937.060
标准差/ms	1 797.782	3 188.998	2 877.086	2 785.081

(2) 对声频信号的反应时间

对每个视场转换条件下的声频信号反应时间进行分析。如图 4-17(A)所示,反应时间呈整体上升趋势;但对于第二个声频信号的反应时间低于序列中的第一次反应时间。此外,在高密度—低密度和低密度—低密度条件中,听觉反应时间的变化较为平缓,而转向高密度视觉界面的两个条件下的听觉反应时间则变化较为明显。采用重复测量方法对时间点位、转换前后的密度水平以及两者的交互效应进行分析。统计分析结果表明,时间点位的主效应达到了显著水平[$F(5.558,$ $477.997)=9.436, Sig.=0.000$],而界面密度的主效应却不显著[$F(3,86)=$ $0.297, Sig.=0.827$],两者的交互效应则具有轻微的显著趋势[$F(16.674,$ $477.997)=1.250, Sig.=0.203$]。图 4-17(B)展示了每一种视场转换条件下不同时间点位两两之间的比较结果。从图中可得,对于前三个声频刺激的反应时间与之后的听觉反应时间相比具有较为显著的差异。

(3) 对声频信号感知灵敏度和反应偏好(整体)

对于视场转换后的总体声频信号感知灵敏度和反应偏好进行宏观分析。由图 4-18 可知,在分析区间内(1 100~8 800 ms),总体感知灵敏度(d')呈现先增长再降低的整体趋势,并在第 2 200 ms 时 d' 达到一个整体峰值;相比之下,反应偏好

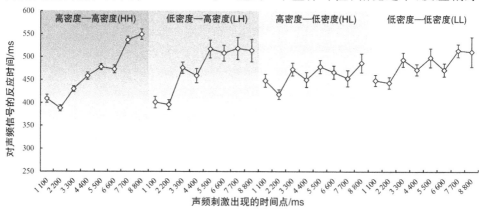

(A) 四种视场转换条件下参与者对声频信号的反应时间

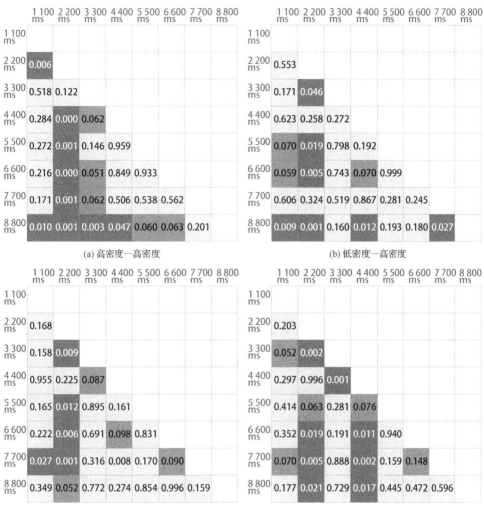

（a）高密度—高密度　　（b）低密度—高密度

（c）高密度—低密度　　（d）低密度—低密度

（B）四种实验条件下对于不同时间点位的声频信号反应时间的成对比较结果

图 4 - 17　四种视场转换条件下参与者对声频信号的反应时间及成对比较

注：图中单元格内的数值为成对比较的统计学显著性结果。深色单元格表示 Sig. ＜0.05；浅色单元格表示 0.05≤Sig. ＜0.1；灰色单元格表示 Sig. ≥0.1，下同。

（β）则呈现平稳增长的趋势。以声频刺激出现的时间点为变量对 d' 和 β 进行单因素方差分析，得出时间点对于 d' 和 β 的主效应显著［$F(7,223)=3.338$, Sig. ＝ 0.002；$F(7,223)=3.394$, Sig. ＝0.002］。其中，第 2 200 ms 与稍后时间点位上采集到的 d' 之间存在统计意义上的显著差异；同时，第 1 100 ms、2 200 ms 两个时间点上的 β 值也显著低于稍后时间点（例如第 7 700 ms 和第 8 800 ms）。

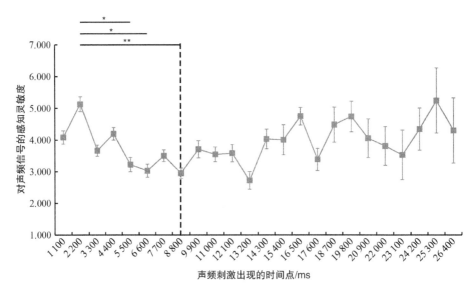

（A）参与者对声频信号的感知灵敏度随时间的变化趋势

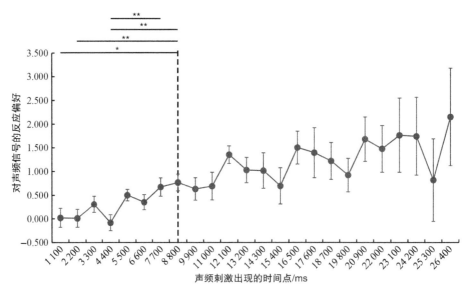

（B）参与者对声频信号的反应偏好随时间的变化趋势

图 4-18 基于 SDT 理论的声频信号反应随时间的变化趋势

注:图中短竖线表示标准误差;虚线表示以 8 个听觉信号反应单元为界限的分析区间; ** 表示成对比较时显著性 Sig. <0.05; * 表示成对比较时 0.05≤Sig. <0.1。

（4）对声频信号的感知灵敏度和反应偏好（分条件）

对于各视场转换条件下的 FAR 和 HR 进行分析[图 4 - 19(A)]。在所有条件中，HR 随时间均呈现下降趋势，其中低密度转高密度条件下 HR 随时间趋近于平稳水平。相比之下，FAR 的变化趋势则较为复杂：在高密度—高密度(HH)和低密度—高密度(LH)条件中，前三个声频刺激的 FAR 逐渐下降，在第四个声频刺激出现时，HH 条件下的 FAR 出现上升趋势，之后趋于平稳。低密度—低密度(LL)条件下的 FAR 则出现持续上升趋势，即起初 FAR 处于较低水平，在 7 700 ms 左右

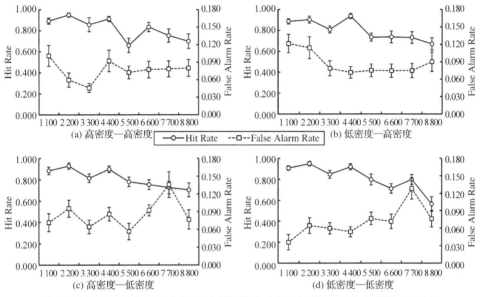

（A）四种视场转换条件下参与者对声频信号正确捕获率(HR)和空警报率(FAR)

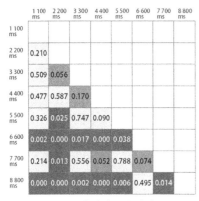

(c) 高密度—低密度

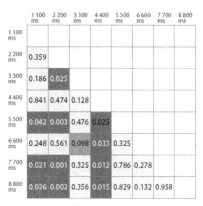

(d) 低密度—低密度

(B) 四种实验条件下对于不同时间点位的 HR 和 FAR 的成对比较结果

图 4 - 19　四种视场转换条件下的 FAR 和 HR 及 HR 在不同时间点位的成对比较

注：图中单元格内的数值为成对比较的统计学显著性结果。

达到峰值水平。类似地，高密度—低密度（HL）条件下虽然 FAR 的变化趋势较为复杂，但总体而言前 5 500 ms 均处于平稳波动状态，而在第七个声频刺激出现时 FAR 达到峰值水平。进一步对四类条件下的 FAR 和 HR 分别进行 K 个独立样本检验。结果表明，视场转换条件对 FAR 尚未达到统计学显著水平（表 4 - 4），而在 HR 方面则均达到了显著水平。同样地，通过热力图［图 4 - 19（B）］展示了不同时间点位上对于声频信号的 HR 两两对比结果。由图可知，在前 4 400 ms 的四次声频刺激反应中，不同时间点位之间的正确捕获率之间未见显著差异（LH 和 HL 条件中的三组显著差异除外），然而前 4 400 ms（声频序列中的前四次）与接下来 4 400～8 800 ms 的四次声频信号反应之间的 HR 则显著差异更为明显（见图中深色区域）。由此可推断，在四组视场转换条件下形成了大约以 4 400 ms 为界的两种 HR 变化趋势。总体来说，在前 4 400 ms 内，HR 变化较为平稳，而之后 HR 则有降低趋势。统计学的差异分析结果也验证了从图中直接得出的观察结果。

表 4 - 4　四种视场转换条件对于 FAR 和 HR 的主效应显著性检验结果

视场转换条件	高密度—高密度	低密度—高密度	高密度—低密度	低密度—低密度
df, N	7 220	7 220	7 220	7 220
空警报率（FAR）Sig.	0.876	0.976	0.311	0.154
正确捕获率（HR）Sig.	0.001**	0.000**	0.002**	0.000**

备注：** 表示成对比较时显著性 Sig. <0.05；* 表示成对比较时 0.05≤Sig. <0.1。

4.5.3.7　实验讨论

（1）实验规律总结

综合上述实验结果，可以大致得出如下规律：① 视觉目标计数任务的完成绩效并未受到可视化界面中的信息密度的影响；② 声频反应时间随时间普遍呈增加趋势，其中在高密度—高密度条件下的声频反应时间（RT）持续增加，在低密度—高密度条件下的 RT 则在第 5 500 ms 趋于平稳；在高密度—低密度和低密度—低密度条件中，声频 RT 增加但变化范围相对稳定；③ 在前 8 800 ms 内，对于声频信号的感知灵敏度总体上随时间递减，而反应偏好（β 值）则递增；④ 在所有视场转换条件下，正确捕获率（HR）均呈递减趋势，并且大致以 4 400 ms 为变化趋势的分界；⑤ 在高密度—高密度和低密度—高密度两个条件下，空警报率（FAR）先递减后趋于平稳，而高密度—低密度和低密度—低密度条件则呈现相反趋势，FAR 在小范围内波动并呈现增长的趋势。

（2）声频识别任务中的反应偏好（β）和感知灵敏度（d'）

声频识别任务中感知灵敏度随时间增加，以及听觉反应时间随时间增加的趋势表明参与者对于听觉信号警觉性的下降。导致警觉性下降可能来自两方面：一方面，由于本实验中采用的声频序列为高频事件（高、低频事件通常以每分钟 24 个事件数作为划分标准[269]），此时时间压力会提出更高的注意资源需求以协调大脑中央执行功能的运行。这种持续地对注意资源的高需求会导致大脑进入疲劳状态，并最终难以保持高水平的信号识别。最终持续性注意的认知资源投入量不断减少，导致警觉性下降。另一方面，由于视觉计数任务中的目标计数子任务与声频识别任务均涉及语言编码的加工，所以两个任务之间会存在双任务干扰。具体来说，当界面中存在的目标数目较多时（本实验中为 13～18 个，无法采用 subitizing 计数策略），人们需要不断对视觉界面进行回访。此时，每一次计数的结果将会通过语音工作记忆环路被存储在工作记忆中（例如，8,9,…），如图 4 - 20 所示。鉴于有限的工作记忆容量，工作记忆中过时的信息将会被迅速丢弃以释放更多的容量空间来维持关键项目的记忆，并且工作记忆会主动抑制这些过时的信息。虽然用于目标计数的工作记忆容量会逐步得以释放，但释放工作记忆和主动抑制过时信息本身也需要消耗额外的中央执行资源。因此，视觉任务总体所占用的认知资源仍然会随着任务进程而不断增加，从而造成听觉任务中可用的认知资源量减少。

就反应偏好而言，β 值不断增加表示对于信号的反应更加保守，参与者更倾向于将信号"误判"为噪声。根据信号检测理论，反应越保守表示人们做出接受这一决策所需要采集的证据越多，这也反映了"努力—回报"关系失衡。与 d' 的变化趋势成因类似，反应越保守可能是由于随着任务进程参与者进入认知疲劳的状态；同时能分配给听觉任务的认知资源减少，导致人们更倾向于做出保守的决策。

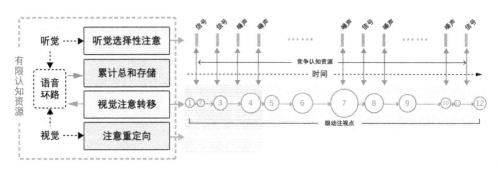

图 4-20　有限认知资源在声频识别任务与视觉任务之间的分配示意图

（3）不同视场转换条件下的声频识别任务绩效讨论

总体而言，声频 RT 形成了以 2 200 ms 为界、HR 形成了以 4 400 ms 为界的变化趋势。但在高密度—高密度和低密度—高密度两个条件下，FAR 则在前 2 200 ms 内较高，并在第 3 300～4 400 ms 左右达到了平稳。较高的 FAR 说明参与者更有可能将噪声识别为信号。结合声频 RT 和 HR 进行联合分析可得，尽管在双任务早期阶段，参与者对声频刺激保持较高的反应水平，但当切换至高密度的视场后，人们对于声频信号的判断出现较多的空警报现象。可以推测，当转换至高密度视场后，在双任务的早期阶段参与者对于声频刺激采用了更为开放的判断策略。基于有限资源理论可以分析，高密度界面的出现占用了大部分的有限注意资源，此时听觉任务可用的注意资源将会减少。但参与者同时又要对声频信号进行识别，考虑到高频率出现的听觉刺激构成的时间压力，为了保证在听觉任务中亦能保持较高的完成绩效，此时参与者对于声频刺激序列中的信号判别更为草率和仓促。这种开放的判断策略在双任务前 3 300 ms 内更为显著。而在视图转向低密度界面后，参与者对于声频刺激的反应处于较高的辨识水平，说明此时听觉任务可用的注意资源足以保证参与者在听觉任务中取得较高水平的绩效。换言之，在高密度—低密度和低密度—低密度条件中，从双任务伊始，视觉和听觉任务就能达到一个较好的分时和并行进展的效果。

可以结合注意重定向概念来解释转向高密度和低密度界面后，人们对于听觉任务的认知资源分配出现的差异。转向高密度界面后,在注意重定向阶段所需要消耗的认知加工资源量要高于低密度界面。待注意重定向过程结束并进入常规视觉浏览阶段,视觉任务中被注意重定向占用的认知加工资源得以释放,方能保证双任务的协同工作。

4.5.3.8　对视场转换中注意管理概念模型的验证

在此回顾本章第 4.5.2 节提出的三个注意重定向与常规视觉浏览功能阶段划分假设模型。假若注意重定向与常规视觉浏览是两个独立的过程,并且可以并行发生,那么视觉任务的完成时间应当仅与界面中的有效密度相关,因此在理想情况下,高密度和低密度界面的视觉任务完成时间应处于相同水平。然而,尽管第 4.5.3.6 节中的统计结果显示跳转后高密度界面与低密度界面之间视觉任务完成时间不存在显著差异,但高密度界面的任务完成时间要大于低密度界面(约有600~900 ms 的差值),可以推测这部分差值源于参与者在跳转至高密度界面后视觉注意重定向过程对整体任务造成的延迟。因此,本书第 4.5.2 节中提出的并行式模型(假设模型二)并不能完全得到实验结果支持。

假若注意重定向与常规视觉浏览是两个完全独立并且需要序列加工的过程,那么在双任务早期阶段中的声频识别反应应仅受注意重定向任务的影响,且不论跳转后的界面是高密度还是低密度,均应表现出相类似的听觉反应变化趋势。但根据声频 RT 以及声频信号 FAR 和 HR 的变化情况,在转向高密度界面和转向低密度界面后的前 2 200 ms 内呈现出不同的听觉反应变化,且仅仅从声频 RT 角度来看,转至高密度界面后,听觉刺激反应时间更短。倘若将第 2 200~3 300 ms 这段时间定义为跳转至高密度界面后人们在注意重定向过程中所需要的时间,那么转向高密度界面后的视觉任务完成时间应当比转向低密度界面多 2 200~3 300 ms。但这与实验观察不符,说明视觉注意重定向过程与常规视觉浏览过程并非简单的首尾衔接式的序列进展。因此,相继式模型(假设模型一)得以部分否定。

综合以上分析,混合式模型(假设模型三)更能作为视觉注意重定向与常规视觉浏览任务的描述模型。首先,注意重定向过程与视觉浏览和搜索任务同时发生,两者竞争有限的注意资源,从而前者会干扰后者,并造成视觉任务完成时间的延迟。同时,界面跳转至高密度界面后,对于参与者来说注意重定向的难度更高,视场转换过程中产生的视场转换损耗更多,因此原本可分配至听觉任务中的认知资源被"抢占"。而界面跳转至低密度界面后,听觉任务、视觉任务和额外的注意重定向任务可以较好地保持协调工作的状态，可见此时注意重定向的难度较低，产生的视场转换损耗也较低。此外，由于页面中构型、布局甚至点的数量均发生了改变，当跳转至新的视场后，因感知觉适应效应的存在[270]，人们对于新界面的敏感度下降。不论跳转前的界面为高密度还是低密度，人们对新的高密度界面的适应难度更高，从而增加了视场转换损耗；而跳转至低密度界面后，对新界面的适应难度降低，从而在适应阶段所耗费的认知资源也将减少，视场转换损耗降低。

尽管在本实验中，无法准确地量化在高、低密度中注意重定向过程所需要的时间，但根据图 4 - 17 和图 4 - 19 以及统计结果，可以大致将 3 300～4 400 ms 作为高密度界面中注意重定向的完成时间区间。在实际可视化界面中，应当寻找可行的解决方法去降低注意重定向过程给任务本身带来的负面影响，合理调节视场转换损耗。

4.5.4　对视场转换损耗的验证实验总结与设计策略

4.5.4.1　实验总结

本实验验证了在视场转换中，"注意重定向—视觉浏览"混合式概念模型能更恰当描述视场转换后用户的注意管理行为特征。此外，通过不同密度的视场转换条件对比，可以得出低密度视场之间的转换过程引发的注意重定向难度更低；相比之下，当视场转换为高密度界面时，用户对于新视场的适应难度更高，随之产生的注意重定向难度也更大。注意重定向任务的难度同时也反映了视场转换损耗的程度。因此，转向高密度视场时所产生的视场转换损耗更高，而转向低密度视场所产生的视场转换损耗则较低。

4.5.4.2　设计策略

通过本实验可得到如下设计策略。

设计策略 1：保证视图转换前后的页面密度相近。相近的信息密度有助于用户适应新视场，从而提高注意重定向阶段的效率。

设计策略 2：保持视场转换后的界面信息密度处于较低水平。在可视化设计中可采用分层显示方法控制视图切换后初始页面中的信息密度，降低视场转换中注意重定向过程对于整体视觉任务所造成的延迟和干扰。

4.5.4.3　设计案例

以下通过实际设计案例进一步阐述上述两条设计策略。图 4 - 21 是对某品牌共享电车在欧洲地区的使用情况进行了可视化(模拟)。用户需要通过对局部地区的放大来查看共享电车在该地区的使用情况,并随时可以返回上一层以获取更大的可观察范围。在图 4 - 21(A)中仅通过符号标注了该品牌电车在每个国家的使用情况。随着用户对于局部地区的放大(可通过拖动右下方的缩放条或通过鼠标滚轮实现),界面将跳转至用户想查看的区域[例如图 4 - 21(B)所示的荷兰区域]。当用户想进一步查看荷兰每个城市的使用情况时,需要遵循同样的操作。随着界面的跳转,界面中信息的密度(主要体现为各类目编码的数量)也将随之改变。传统界面中是在新的页面中显示全部的信息[图 4 - 21(C)],此时高密度信息界面将可能会导致视图跳转之后的注意重定向难度增加。图 4 - 21(D)为展开统计面板后的界面状态。

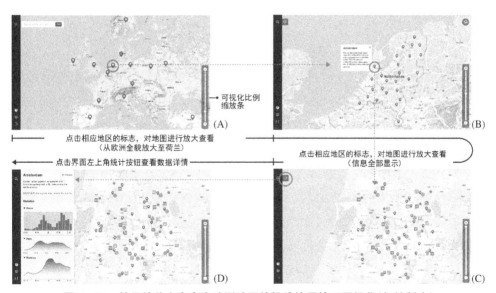

图 4 - 21　某品牌共享电车在欧洲地区的投放使用情况可视化(初始版本)

为了控制跳转后界面中的信息密度在较低水平,图 4 - 22 中采用了分层次的方式对不同类目的编码进行过滤和筛选。当界面从图 4 - 22(A)跳转至(B)时,界面中仅呈现最基本的电车归还点标识。用户可以通过点击右上角分层图标展开图层筛选器,通过图层叠加的方式渐进式地不断丰富界面中的信息[图 4 - 22(B)→

（C）→（D）→（E）→（F）］。如此优化设计可以有效调控在界面跳转后出现的注意重定向困难或视场不适应情况，从而可有效降低页面转换给视觉浏览任务造成的负面影响。

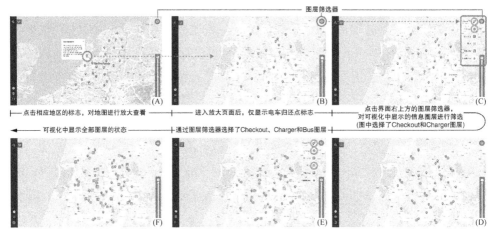

图 4-22　某品牌共享电车在欧洲地区的投放使用情况可视化（优化版本）

本章小结

　　本章从转换损耗的定义切入，通过任务转换损耗、感知模态转换损耗和注意集转换损耗的定义类推得出视场转换损耗的定义；根据第三章中提出的人与多视图信息可视化的交互认知流程，本章提出了视场转换损耗的两类表现形式；随后从认知控制的作用机制出发，对视场转换损耗的产生机理进行研究，将其产生机理划分为来自历史浏览视场的前摄干扰和当前视场的场景适应两类诱因；针对两类视场转换损耗的诱发因子，从内源性和外源性两方面归纳了视场转换损耗的影响因素。本章最后一节采用"听觉辨识—目标计数"视与听双通道相结合的任务范式，通过不同密度水平下可视化视场转换的比较研究，建立并验证了注意资源管理功能阶段划分概念模型，并对视场转换过程中的视场转换损耗进行了定量化研究。通过理论体系构建与实验验证相结合的方式，本章建立了视场转换损耗的概念体系。

5

第五章　视觉线索对视场转换损耗的影响研究

引言

本章将从视觉注意管理角度,针对视觉线索对视场转换损耗的影响机制进行研究。在信息可视化空间的若干视觉要素中,本章选择了颜色编码作为注意管理和视场转换损耗的调节方式,分别基于多视图并置式和序列式可视化呈现方式,探究颜色编码作为视觉感知线索对于视场转换后的视觉注意管理影响作用机理,并比较不同颜色编码水平的感知线索有效性。

5.1 色彩作为视觉线索的可行性初探

色彩(编码)是可视化空间中最常见且可感知度较高的一类视觉元素,人们对于色彩的加工无须占用大量的认知资源。大量研究表明,添加色彩元素能够增强用户的物体识别能力[271]、记忆提取能力[272]和学习能力[273]。同时,在实验心理学研究领域,色彩对于视觉注意的影响也存在广泛研究。从一方面来说,色彩可以通过无意识的自下而上的方式捕获注意。当着色的搜索项目为目标时,色彩编码能够增强视觉搜索的能力;反之,当着色项目为干扰项时,视觉搜索将会受到干扰[274-276]。在特征搜索场景中,色彩比形状[277]和朝向[278]更能捕获视觉注意。从另一方面来说,也可以将色彩对于视觉注意的捕获能力视为一种注意导向能力。色彩的视觉导向能力因色彩种类和界面中的视觉负荷而异。色彩在信息界面中的存在方式有局部色彩编码和整体色彩编码两种。整体色彩编码可以通过边缘视觉可见,它具有较高的感知可获得性[279];局部色彩编码需要中央视觉的参与才能得以识别[280]。尽管在场景浏览中,边缘视觉和中央视觉分别起着重要的作用,但它们引导注意重定向的机制仍有待研究。此外,信息可视化中的色彩是如何调节注意管理并影响视场转换损耗这个问题同样值得进一步研究。本章将依次开展三个眼动实验分别验证色彩在多视图并置式、序列式可视化空间中对于注意管理和视场转换损耗的影响作用。

5.2　并置式多视图呈现中视觉线索对视场转换损耗的影响

5.2.1　研究目的

本实验的主要目的是研究在并置式多视图信息可视化空间中,有彩色和无彩色对于用户在多视图之间跳转并进行注意管理这一过程中所产生的视场转换损耗的影响作用。具体而言,本实验将重点解决以下三个问题。研究问题 1:在多视图并置式可视化呈现环境中,视场转换损耗该如何通过眼动数据进行表征? 研究问题 2:有彩色和无彩色对于注意重定向过程的影响有何不同? 研究问题 3:色彩作为视觉线索的有效性是否会随同时呈现的视图数量变化而发生变化?

5.2.2　总体研究方法与假设

5.2.2.1　总体研究方法

结合上述研究目的,本实验采用了双任务实验范式,并基于工作记忆有限资源理论,将个位数加法运算(心算)和数值大小比较作为主任务。心算任务作为研究工作记忆机制和组分的任务类型,包含了加法、减法和乘法。其中,工作记忆在数值编码、数值的借位运算和保持累计总和方面发挥重要作用[281,282]。为了保证用户在浏览视图的过程中需要对注意进行导向,各算子被随机分布在 4×4 矩阵可视化中的任一单元格内。此时,注意控制与注意导向构成了次任务。排除干扰项目并定位于任务相关信息的过程需要占用中央执行资源。因此,本实验中的主任务和次任务将会竞争有限的工作记忆资源,主任务的工作绩效将与次任务的工作难度之间构成负相关关系。尽管注意管理在本实验中作为次任务而存在,但在本实验中它却是笔者期望通过主任务来间接反映的主要研究对象。

5.2.2.2　研究假设

基于上述分析可以做出如下假设。研究假设 1:相比于无彩色,有彩色对于注意引导和注意管理的视觉线索效应更强;研究假设 2:随着并置呈现的视图数量增多,以及主任务对于中央执行资源的需求增加,有效色彩线索对于视觉注意的引导和对视图转换损耗的影响更强烈;研究假设 3:注意管理的难度(在本实验中与视觉线索的有效性呈负相关)可通过由眼动数据所反映的主任务绩效和对记忆的复原效应来体现。

5.2.3　实验方法

5.2.3.1　实验参与者

本实验共招募 26 位参与者，其中女性 10 名，男性 16 名，平均年龄 26.3 周岁（SD＝2.2）。在实验前所有参与者均需要完成工作记忆测试（详见第 5.2.3.7 节）。6 名参与者因在该测试中表现出较差的工作记忆能力而被取消参与实验的资格。剩余的 20 名参与者视力或矫正视力正常，且均通过了石原氏色盲测试。在正式实验前所有参与者均签署了实验知情同意书。

5.2.3.2　实验仪器

实验采用了 Tobii X2-60（采样率 60 Hz）眼动仪来收集参与者实验过程中的眼动数据。实验材料的分辨率为 1 500 像素×844 像素，实验在 Tobii Studio 3.2.3 版本的平台上进行编程与呈现。所有的实验材料均在惠普 21 英寸显示屏上展示。实验室由四盏 40 W 荧光灯作为光源，实验光照环境正常。参与者距离屏幕的视距保持在 600～700 mm 的范围内。

5.2.3.3　实验组块设计

本实验共有三个实验自变量，分别为视觉线索类型（共两个水平：无彩色和有彩色）、线索有效性（共两个水平：有效线索和无效线索）和并置的视图数量（共有三个水平：双视图、三个视图和四个视图）。前两个自变量为组内变量，最后一个自变量为组间变量。在有彩色线索和无彩色线索条件中，分别选择了四种不同的色相和四种不同的灰度值作为矩阵可视化的填充。根据 Posner 对于有效线索与无效线索的定义[283]，在本实验中有效线索是指在当前视图中最终识别的目标颜色或灰度与下一个视图中的目标相同，而无效线索则是指两者存在差异。由视觉线索类型和线索有效性两个自变量中的条件构成了每个实验组中的四个实验条件，分别为：无效的无彩色线索、有效的无彩色线索、无效的有彩色线索和有效的有彩色线索。每个实验组包含了 40 个实验试次，其中每个条件均包含 10 个实验试次。本实验采用了被试内实验设计方法，实验组的顺序在被试间相互抵消，以减少顺序效应。

5.2.3.4 实验任务和 GOMS 分析

在实验中,参与者的任务是识别每一个视图中包含的唯一英文字母。在此过程中,该字母所在单元格的背景色相或灰度值将会被自动地提取。随后,他们需要在该视图中搜索其他三个与该背景色相/灰度相同的单元格,并且对三个单元格中的数值进行求和。在并置呈现的视图中将遵循同样的任务流程。最终,参与者需要确定哪个视图中的数值之和最大。因为每一个加数随机分布于单元格中,因此,相比于直接呈现求和公式(例如:"3+5+2=?"),这种随机分布的方式也导致了在同一个视图内,以及不同视图之间会产生额外的注意管理成本。

根据心算组分模型,被识别的第一个加数需要通过编码进入工作记忆,同时视觉注意需要接着进行定位,并且发现第二个加数。当前两个加数都获取到之后,参与者需要通过长时记忆中的陈述性知识或程序性知识对两个加数的算术和进行搜索或计算(例如,3+5=?)。当视觉注意跳转至新的视图时,将会循环启动同样的程序。当所有视图中的总和全部得出后,参与者需要通过各数值的序数位置在大脑中对数值进行排序,从而确定哪个视图中的数值总和最高。本实验将心算和数值加工所需要消耗的工作记忆资源"打包"整合为代数运算所需工作记忆(WM for Mental Calculation)。此处,代数运算和注意管理这两个认知过程共享工作记忆中的中央执行资源。除此之外,注意管理所需的工作记忆(WM for Attentional Management)又进一步划分为视场内注意管理和视场间注意管理两部分。随后根据 GOMS 模型,对实验任务中所包含的核心认知模块与流程进行分析(图 5-1)。一旦参与者完成决策并得出答案,需要尽快进行按键反馈并保证准确率,其中 A、S、K、L 按键分别对应♯1、♯2、♯3、♯4 视图。

5.2.3.5 实验样本设计

(1)视觉表征形式

实验采用 4×4 矩阵可视化作为实验样本中的视觉表征形式,其中每一个矩阵作为一个视图或视场,多个视图同时且并排呈现。每一个矩阵中包含 16 个正方形的单元格,每个单元格对应 2.0°视角;每个单元格包含一个英文大写字母或阿拉伯

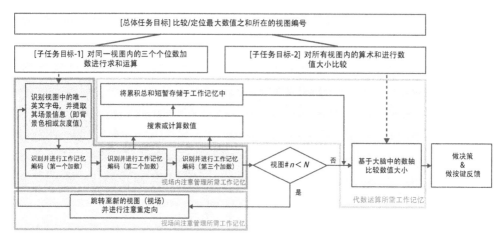

图 5-1 基于 GOMS 模型的实验任务核心认知模块与流程分析

注：N 表示可视化界面中所有的视图数量。

数字，每个字符占 0.8°视角，字体为 Arial 粗体；16 个单元格中仅包含一个英文字母。选择矩阵可视化是出于两点考虑因素。其一，矩阵可视化适用于在小空间内容纳较多的信息；其二，在每一个视图中目标的位置能够随机分布，从而规避其他可视化因素的干扰。

（2）数值选取

为了防止在心算过程中出现借位运算的情况，实验中将所有阿拉伯数字的范围设定在 0 至 5。这种情况能够保证三个加数之和均匀地分布在大脑中的数轴之上，同时可避免极大或极小的数值诱发的判断偏见。从总体上来说，在每个实验组中，代数运算和数值大小比较的难度保持在均等水平。

（3）矩阵可视化中单元格的色相/灰度选择

着色或以灰度填充的单元格以伪随机的顺序排布在中等亮度的灰色背景（52 cd/m^2）之上，从而保证最佳的可感知纯度。有彩色条件下的四种色相均选自 Munsell 色彩大全（全光泽版本）。表 5-1 列出了有彩色和无彩色条件下的八种前景色名称及其在 CIE(1931)色彩空间中的坐标值。每对色彩的色差值（以 $\Delta E^* uv$ 表示）保持或略超过相反色的绝对差值（$\Delta E^* \geqslant 100$），最小色差值为 $\Delta E^*_{min} = 95$（Avg.=133，SD=33）。当色彩的可感知差异足够大时，各色彩将保持同等水平的可辨识度[284]。

表 5-1　四种有彩色、四种无彩色和背景色在 CIE 色彩空间中的坐标值(扫码看彩图)

前景色/背景色	BG	有彩色颜色				无彩色颜色			
		C_1	C_2	C_3	C_4	G_1	G_2	G_3	G_4
Y	52.10	30.79	30.01	43.25	31.17	5.52	18.74	35.15	60.38
x	0.31	0.25	0.47	0.44	0.19	0.31	0.31	0.31	0.31
y	0.33	0.43	0.34	0.45	0.20	0.33	0.33	0.33	0.33

由于无彩色的感知与亮度密切相关,且其真实亮度与实际感知到的亮度之间存在非线性关系,实验中以灰度的可感知亮度为尺度,以 10% 为单位选取了四种等距的灰度值,并通过斯蒂文斯的幂定律,取 Gamma 值为 0.4 并对其进行转换,得到的灰度在 CIE 色彩空间中的坐标值见表 5-1。表 5-2 给出了本实验中有效和无效线索的刺激样本示意。

表 5-2　有效线索和无效线索条件下的实验刺激样本示意

线索有效性	实验刺激样本	样本描述
有效线索		在第一个矩阵中,目标单元格(第二行第一列)的填充色为 C_2,而在第二个矩阵中目标单元格依然以同样的色彩值填充(大写字母 F 所在的单元格)。此时,视图之间所需要搜索的目标的色度/灰度值保持一致
无效线索		在第一个矩阵中,目标单元格(第四行第二列)的填充灰度值为 G_4,而在第二个矩阵中目标单元格填充灰度值为 G_3(大写字母 X 所在的单元格)。此时,视图之间所需要搜索的目标的色度/灰度值不一致

5.2.3.6　实验流程

为了排除个体间工作记忆广度差异对实验结果造成的潜在影响,在实验之前参与者需进行工作记忆广度测试,通过测试的参与者需接受石原氏色盲检测,随后将针对每个实验条件经历 10 个练习试次。练习试次的正确性将在屏幕上显示,仅当参与者在练习试次的准确率达到95％时方能进入正式实验。练习试次结束后是三个实验组。在实验组之间设定有90 s的休息时间以消除试次间的残余效应。整体实验耗时约35 min。

5.2.3.7　工作记忆测试流程

工作记忆广度测试采用了基于适应性阶梯程序的N-Back数值回忆范式，如图5-2所示。参与者需要经过简单的加法运算（例如，2＋3＝?），并对运算结果进行记忆。每一个试次的呈现时间为1 500 ms。在第一个阶梯程序组块里，参与者的工作记忆负荷为2个项目，因此被定义为1-Back回忆。每递进一个实验组块都将增加1个项目的工作记忆负荷，直到在线记录的作答准确率低于90％则停止测试。在每一个实验组块中，参与者需要回忆10次，并且回忆指令被随机安排在序列中以消除期望效应。每一个组块有30个核心实验单元。26名参与者的平均得分为2.846（SD＝0.613）。6名参与者未通过1-Back实验组的测试，因此在测试结果中他们的得分空缺。但是在统计时仍将其工作记忆测试结果记录为"1"，以便作统计分析。测试得分处于平均值上下±2倍标准差（即得分从1.62至4.072）的参与者才能进入正式实验环节。

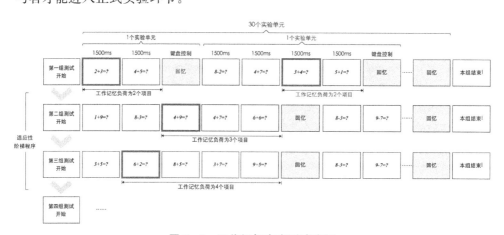

图5-2　工作记忆广度测试流程

注：加粗线框表示该项目为实验单元中的回忆项。

5.2.3.8　实验因变量

在正式实验中，行为数据和眼动数据被同时记录。行为方面的记录变量包括按键反应时间(KRT)和作答准确率。眼动方面的因变量包括在整体界面中的总体注视次数(TFC)、首轮前进式注视时间(FPFT)、对于每一个视场的总体回访次数(RVC)以及总体回视凝视时间(RVFT)。

KRT 是指从刺激界面开始呈现到参与者作按键反应的时间。根据"眼-心智"假说,TFC 可作为 KRT 的补充指标,用于指示在信息提取和心算过程中所需要付出的心智努力[285]。TFC 通常可认为与信息理解的难度正相关,而与信息搜索的效率负相关。RVC 是指曾访问过的兴趣区域(Region of Interest,ROI)的总体访问次数,可用总体逗留次数减去 1 计算获得。在前人的研究中,该指标可作为观察记忆缺失和确认性视觉扫视的"窗口"。因此,本实验使用该指标作为工作记忆衰退和对工作记忆内容提取的表征因子。

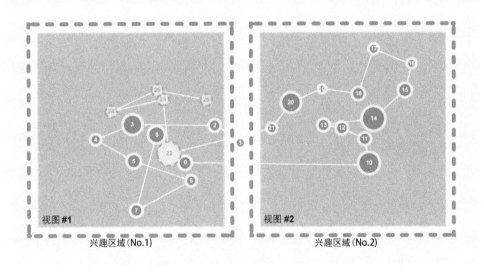

图 5-3　双视图有效无彩色线索条件下某参与者产生的眼动注视轨迹图

注:图中的气泡表示注视点,其中深色气泡(实线框)表示首轮前进式注视点,浅色气泡(虚线框)表示回访注视点。气泡大小与注视点的持续时间成正比。气泡中的数字表示注视事件发生的顺序。每个视场外的虚线表示划定的兴趣区域(ROI),并通过此区域来捕获注视点数据。此处将视图中的内容进行屏蔽以避免视觉干扰。

FPFT 和 RVFT 两个指标可以粗略地揭示注视点分配随时间的变化情况。FPFT 是指从注视点首次落在一个视图时开始,到离开该视图并准备前往另一个视图期间的持续时间。如图 5-3 所示,视图♯1 和视图♯2 中的 FPFT 分别指编号 2 到编号 9,以及编号 10 到编号 21 的注视时间总和。在本实验中,总体回访凝视时间是指返回至曾经访问过的视图,并进行再次浏览时的注视时间总和。类似地,在图 5-3 的视图♯1 中,RVFT 是指注视点编号 22 到编号 26 的持续时间总和。这两个指标可指示对于每一个视场最直接的加工,以及为了弥补有限容量的工作记忆造成的衰退而对信息进行回溯所花费的心智努力。

5.2.3.9 数据分析方法

只有正确作答的试次中的行为数据才被纳入数据分析,并且在每一个实验条件中,KRT 超过该条件下平均 KRT±3 倍标准差的数据将予以剔除。这两条筛选标准剔除了 4.5% 的数据。速度阈值识别算法(Identification by Velocity Threshold,I-VT)算法被用于甄别眼动特征事件,其中注视时间判别的角速度阈值设定为 30(°)/s,最小注视持续时间为 100 ms。TFC 是一种总体的浏览度量指标,而 RVC、FPFT 和 RVFT 为针对性的浏览指标。在本实验中,兴趣区域被指定为与每一个视场同心且边界超出视图边界 10 像素的正方形区域。超出兴趣区域的眼动事件不予考虑。通过测量精确度记录和数据损失测量方法,可以针对每一个参与者在每一个试次中的眼动数据进行过滤。这里数据损失测量是指眼动仪未能检测出瞳孔或凝视数据空缺的情况。9.3% 的眼动数据被剔除,剩余的数据将通过 SPSS 22.0 进行统计分析。

5.2.4 数据分析结果

5.2.4.1 键盘反馈时间与正确率

根据图 5-4(A),平均 KRT 从双视图到四视图呈增长趋势,为了验证这一观察,随后以视图数量为自变量进行了线性回归分析。在回归分析的结果中,有效有彩色线索条件所对应的系数最小($y=2.708x+0.578$,$R^2=0.661$),其次是有效的无彩色线索条件($y=3.639x+1.926$,$R^2=0.571$)。通过拟合出的曲线的斜率可以推断出,相比于提供有效的无彩色线索,有效的有彩色线索条件下 KRT 变化更为平缓。换言之,有效的有彩色线索更能够调节由于视图数量带来的搜索难度的提升。此外,由误差线可知,在此条件下参与者之间的 KRT 差异更小。

通过 $3×2×2$ 多元方差分析,进一步研究了自变量对于 KRT 的影响。由于 KRT 数据呈非正态分布(偏度为 0.532),在分析之前,在 SPSS 中对所有的 KRT 数据进行了 Box-Cox 转换[286]。视图数量、线索有效性和线索类型三个自变量的主效应均达到了统计显著水平(Sig.<0.05)。鉴于实验前提出的研究问题,重点

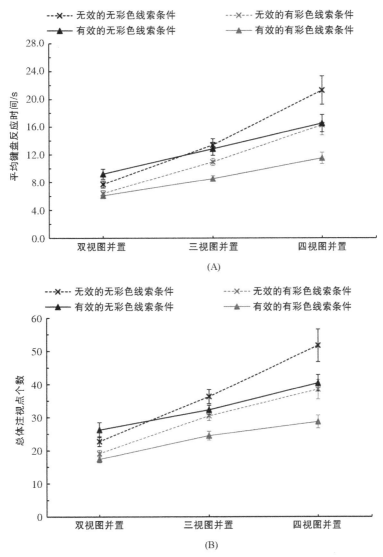

图 5 - 4　各实验组别中的平均按键反应时间和总体注视点个数统计(扫码看彩图)

注:误差线表示一倍的标准误差。实线和虚线分别表示有效和无效线索条件;橙色和灰色分别表示有彩色线索和无彩色线索条件。

分析了视图数量×线索类型、视图数量×线索有效性以及视图数量×线索类型×线索有效性三类交互作用。其中,前两组交互效应达到了显著水平(Sig. = 0.000),然而最后一组交互效应仅模糊显著(Sig. = 0.397,$\eta^2 = 0.002$)。通过实验发现,在所有的实验组别中,有彩色线索的优势超过无彩色线索。然而,有效线索的优势仅在三视图并置(Sig.＝0.035)和四视图并置(Sig.＝0.000)条件下才得以显现。在作答正确率方面并未发现显著差异,所有试次的正确率均超过了93.75%,这也意味着正确率指标可能存在天花板效应[287]。

5.2.4.2　兴趣区域内的总体访问次数

对 TFC 的分析采用了上述同样的统计分析和数据转换方法,TFC 均值如图 5-4(B)所示。总体而言,主效应和交互效应特征与 KRT 相似。通过 Pearson 相关性分析发现,KRT 与 TFC 之间存在显著关联性($r＝0.883$,two-tailed Sig.＝0.000)。这种显著的关联性同时也验证了本研究中采用眼动记录方法的合理性。较少的注视点数目导致了整体反应时间较短,而较短的反应时间并不一定意味着注视点次数减少,因为反应时间是由一系列连续的认知过程构成的,这一系列认知过程可通过注视点和扫视眼动事件共同表征。

5.2.4.3　首轮前进式注视时间

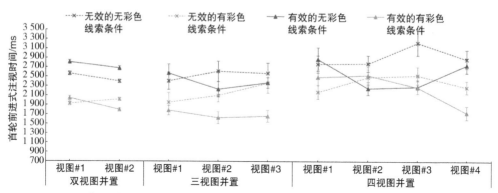

图 5-5　各实验组别中对于每个单独视场的首轮前进式注视时间统计(扫码看彩图)

由图 5-5 可知,在双视图和三视图并置式实验组中,FPFT 对实验条件的变化较为平稳,仅有轻微的增加或降低。然而,在四视图并置式实验组中,FPFT 的变化趋势则相对复杂。接下来采用三因素单变量方差分析方法对 FPFT 进行统计分析。为了修正方差分布的非齐性和轻微的正偏态,对三视图和四视图并置式这两个实验组中的 FPFT 采用了均方根转换。相比之下,无效线索条件下的 FPFT 显著高于有效线索(Sig.＜0.05),无彩色线索条件下的 FPFT 均高于有彩色线索条件。值得关注的是,除了双视图实验组($F＝0.004$,Sig.＝0.949,$\eta^2＝0.000$),

其他两个组别中两者的差异均达到了统计学意义上的显著水平(Sig. =0.000)。双视图条件下,线索类型与线索有效性这两者未发现显著的交互作用($F=0.004$,Sig. =0.949,$\eta^2=0.000$),但在三视图和四视图实验组中发现了轻微的显著趋势($F=3.106$,Sig. =0.079,$\eta^2=0.013$;$F=1.778$,Sig. =0.183,$\eta^2=0.0069$)。LSD事后检验结果证实了有效的有彩色线索对于缩短 FPFT 的有效性(Sig. <0.1)。当单独对每一个视场进行观察时,可以发现在三视图和四视图实验组中有彩色线索优势格外凸显。

5.2.4.4　兴趣区域内的总体回访次数

根据图 5-6(A),有效线索条件下所产生的回访次数更少。尤其在三视图和四视图实验组中,有效的有彩色线索条件产生的回访次数明显较少。但是在双视图实验组中,有效线索的优势并不明显。鉴于 RVC 数据分布的非正态性,针对每个实验组别进行了非参数检验。Wilcoxon 秩和检验结果表明,在双视图实验组中,如果仅考虑线索有效性的话,有彩色和无彩色条件并无显著差异(Sig. >0.05)。在具有有效线索的三视图实验组中,对于第二个视场的回访明显减少(z-score=-3.407,Sig. =0.001)。但在有彩色线索与无彩色线索两种条件下,对于第二、第三个视场的 RVC 仅存在边缘显著差异(0.05<Sig. <0.1)。此外,在有效的有彩色线索条件下,对于第二、第三个视场的回访和其他三个条件比最低($\chi^2=15.588$,df=3,Sig. =0.001;$\chi^2=1.83$,df=3,Sig. =0.039)。在具备有效线索的四视图实验组中,对于第二、三视场的回访次数最少(z-score=-3.442,Sig. =0.001;z-score=-2.744,Sig. =0.006)。通过对不同实验条件下的 RVC 作进一步分析发现,在有效的有彩色线索条件下,参与者对第二、第三和第四个视场的回访次数均较少。根据配对检验结果,这种差异均达到了统计学显著水平(Sig. <0.05)。

除此之外,本实验对于每个实验条件下的回访事件发生的频率进行了计算,并通过图 5-6(B)进行展示。在图中,直径较大的气泡表示回访发生频率较高,反之则较低。作为对于 RVC 的补充指标,回访发生率是针对所有实验参与者在每一个视场中的眼动行为进行分析,而非将每一位参与者的数据作为独立的样本。尽管在所有实验条件下,对于第一个视场的回访率都相对较高,但在有效线索条件下,仍能观察出从第一个到最后一个视图的回访概率呈递减趋势。具体而言,在有效的有彩色线索条件下的回访发生率最低,它的优势在四视图并置式条件下格外显著。

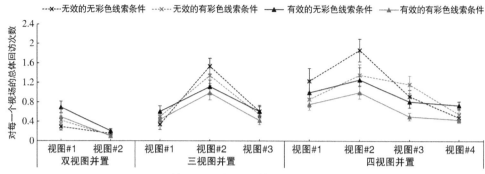

（A）对每一个视场的总体回访次数（RVC）

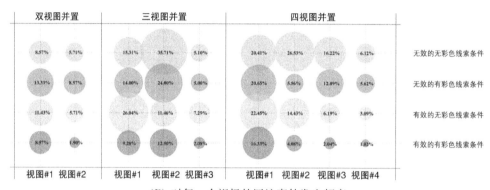

（B）对每一个视场的回访事件发生频率

图 5-6　对每一个视场的总体回访次数和回访事件发生频率统计(扫码看彩图)

5.2.4.5　兴趣区域内总体回访凝视时间

　　进一步对每一个视场中的总体回访凝视时间进行分析(图 5-7)。图中单元格的颜色越深表示总体回访凝视时间越长。总体而言,RVFT 随视场编号呈现递减趋势,但有些例外情况。比如在具有无效的无彩色线索的三视图实验组中,对于第二个视场的 RVFT 更高。在四种实验条件下,有效的有彩色线索条件下的回访注视时间最短。Friedman 检验结果也证实了这种观察。统计结果表明,在三视图和四视图并置实验组中,有效的有彩色线索产生的 RVFT 与其他三个条件相比,差异均达到了显著水平。例如,在三视图实验组中,对于第二个视场的回访时长($\chi^2 = 26.171$, df=3, Sig. =0.000),以及在四视图实验组中对于第一、二、三视场的回访时长(Sig. <0.05)。需要关注的是,在四视图并置式实验组中,当界面中呈现有效的有彩色线索时所产生的回访时长最短,但其余三种条件下的回访时长仍

处于较高水平。

	无效的无彩色线索条件	无效的有彩色线索条件	有效的无彩色线索条件	有效的有彩色线索条件	
双视图并置式	70.32	190.42	158.96	86.88	视图#1
	50.76	199.27	73.37	30.19	视图#2
三视图并置式	171.12	212.69	232.27	66.05	视图#1
	537.35	319.81	155.49	107.18	视图#2
	102.16	98.66	79.04	12.71	视图#3
四视图并置式	397.13	265.48	355.71	170.68	视图#1
	502.05	66.77	291.96	71.16	视图#2
	318.38	171.47	107.59	20.36	视图#3
	102.19	102.80	58.52	8.60	视图#4

最短 RVFT　　　　　　　　　　　　　　　　　　　最长 RVFT

图 5-7　对每一个视场的总体回访凝视时间

注：单元格中的数值表示总体回访凝视时间的平均值（单位：秒）。

5.2.5　实验讨论

本实验通过双任务范式比较了有彩色线索与无彩色线索对于视场转换后注意管理和视场转换损耗的影响作用。在实验任务中，同时进展的心算和注意管理任务将"竞争"中央加工资源。并行的任务模式将影响工作记忆的维持状态，并且工作记忆资源的动态分配机制将随着每个单一任务的难度而发生改变。因此可以从本实验中主任务的绩效来推断注意管理任务的认知需求。

根据"补偿—编码"模型[288]，可以从工作记忆的衰减来推断工作记忆资源在双任务中的调配形势。总体而言，与无彩色线索相比，有彩色线索条件下的回访注视点数目更少且总体注视时间更短；同样地，与无效线索相比，有效线索条件也具备同样的优势。更少且更短持续时间的回访说明工作记忆的维持水平更高。这从另一个方面也揭示了当界面中提供有效的有彩色线索时，更多的工作记忆资源被投入主任务（心算任务）中，而注意管理任务所占用（或者说所需要的）的资源则减少。根据"需求—难度"关系，工作记忆资源的消耗量与任务难度呈正相关。因此，正如注意重定向任务的难度所揭示，有彩色线索（相比于无彩色线索）对于视觉注意的引导和线索作用更强烈（研究假设 1 被证明成立）。这种优势在有效的有彩色线索条件中格外显著。从认知负荷角度来说，有彩色线索条件下的外在认知负荷更低，因此相关认知负荷则更高。

在三视图、四视图并置式实验组别中测量得到的回访次数、回访总体注视时间和回访发生频率支持了研究假设 2。当视图数量增加时，有效的有彩色线索条件下的工作记忆维持水平更高。但是，这种优势在双视图实验组中并不明显。如上文所言，此时更多的工作记忆资源被投入主任务中。这种对于工作记忆资源的节约大致有两种可能的原因，分别来自视场内和视场间的注意管理。如果有彩色线索的优势仅体现在视场内注意管理任务中，那么，在有效和无效的有彩色线索条件下所记录到的首轮前进式注视时间应当处于均等水平。然而事实则完全不同，有效的有彩色线索条件中的首轮前进式注视时间更短，这也说明有彩色线索的优势体现在视场间的注意管理任务中，即它们可以引导视场间的注意管理。这种促进作用会随着视图数量的增多而变得更加显著。当视图数量增加时，有效的有彩色线索条件下的工作记忆维持水平更高。但是，这种优势在双视图实验组中并不明显。

简言之，在有效的有彩色线索条件中，注意导向类决策对于认知资源的需求更低，且视觉注意在视场之间"穿梭"更为流畅。此处可以将有彩色线索的优势归结为以下四点原因。其一，在有彩色条件中，主目标与分项目之间的感知差异较高，在此情况下，干扰项目就会自下而上地被抑制加工，从而使得目标项更容易被定位且其单元格中的数字更易被识别。此外，目标项与干扰项的色相存在明显的语言学特征[289]，这将有利于色彩的分类感知与识别。明确地说，在无彩色线索条件下，灰度是仅存的差异，然而有彩色线索条件中还存在跨色彩类别的感知，因此人们对色彩的敏感度将更高。此外，有彩色线索更有利于人们对视场进行前注意加工并建立整体的场景概览。

在两种无效线索条件下，首轮前进式注视时间均较长。在有彩色线索条件中，人们在前一个视场中识别的目标场景信息（例如，目标数字单元格的背景色）将会作为"模板"被存储在工作记忆中。色彩线索将强化这种模板的作用，而无彩色则会将其弱化。这种模板效应也可以认为是大脑中对于作为线索的色彩侦测器比其他同时存在的项目更容易受到激活。例如，新近被激活的侦测器是专属于第二个视图中的 C_1 色相，一旦被激活后，这种侦测器就处于高激活状态。这种高激活状态将会一直维持到视觉注意转向新的视场。因此在新的视场中,仅需要微弱的信号即可使得这种侦测器再次达到视觉注意加工的激活阈值。倘若此时工作记忆中处于高激活状态的视觉特征与任务无关,那么它又将会抑制接下来的注意选择进程。对比两组有效和无效线索条件,可以发现在无彩色线索条件下的首轮前进式注视时间差异更大。由此可以推断,在人们觉察到错误的注意管理进程后会对其进行纠正。然而,鉴于在无彩色条件下目标与干扰项之间的感知差异更小,在此状态下纠正过程所造成的成本则更高,因此视场转换损耗更高。

在本实验中,不论是手动反馈时间还是总体注视点数目均随着视图数量的增加呈单调增加。尽管随着并置呈现的视图数量递增,对于注意资源的需求和决策时间都将会出现增加,但通过实验表明,在有效的有彩色线索条件下,两个指标单调增加的趋势更为平缓。由这种观察现象可以推断视场内的注意管理所需的认知资源量,以及视场间注意转换所带来的视场转换损耗是可以累积的。

5.2.6　实验总结

5.2.6.1　实验总结与设计策略

在本实验所涉及的四种线索条件中,有效的有彩色线索在调节注意管理和视场转换损耗方面具有较为显著的优势,并且随着并置呈现的视图数量增加,这种优势愈加凸显。相比之下,无彩色线索(即灰度线索)对于视场转换损耗的影响甚微,其中有效的无彩色线索与无效的有彩色线索对注意重定向和视场转换损耗所产生的影响近乎等同。然而无效的无彩色线索对于视场转换过程中的注意干扰作用最强,而这种干扰效应随着视场转换次数的增加也逐渐增强。通过本实验可得到如下设计策略。

设计策略 1:有彩色能够提升视觉连贯性并辅助注意管理。可视化界面中存在的有彩色不仅可以作为编码因子,同时可以作为提升视场转换过程中视觉连贯性的线索,从而降低视场转换损耗。

设计策略 2:色相对于视场转换损耗产生的影响大于灰度/饱和度。色相可以通过分类感知机制调节色彩的视觉线索作用。

5.2.6.2　设计案例

基于上述实验结论与总结出的设计策略,以下基于北京市 2016 年至 2021 年五月份空气中七种污染物含量的可视化案例对设计策略进行实例说明（图5-8）。其中，图5-8（A）以多种色相对不同空气质量度量指标进行了编码，而图5-8（B）则以单一色相进行编码。当用户需要分析某指标在特定时间的变化规律，或比较

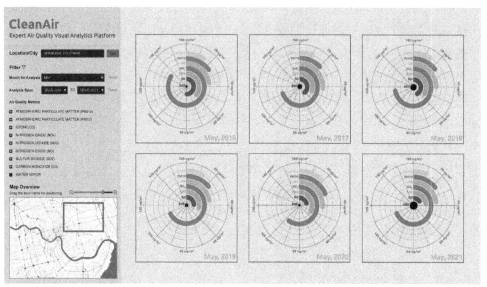

（A）以多色相进行编码的CleanAir空气质量可视分析界面设计

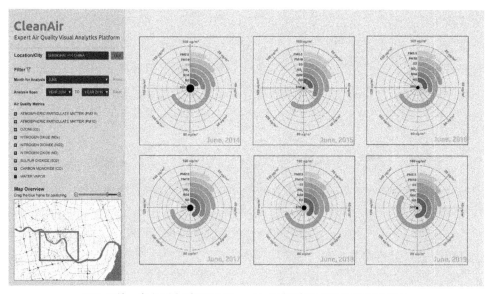

（B）以单一色相进行编码的CleanAir空气质量可视分析界面设计

图5-8　以多色相和单一色相编码的CleanAir空气质量可视分析界面设计（扫码看彩图）

注：该可视化显示界面系作者原创。

多种指标的变化趋势以评判空气质量治理效果时,图5-8(A)中的不同色相能够帮助用户轻松地在多视图之间追踪目标的增减变化。此时用户不仅能够高效地在多视图之间进行注意焦点的转移,并且能够通过鲜明的色彩编码建立对于目标变化的整体感知意识。然而,图5-8(B)中单一色相之间的感知相似性提高了注意重定向难度,同时这种感知相似性又容易引起信息误读。并且可以推断,提供有彩色线索(或以色相进行编码)的可视化界面优势在以时间压力和高认知需求为特征的可视分析环境中会更加凸显。当用户需要在动态可视化环境下追踪多个目标的变化趋势时,有彩色线索能够从一定程度上降低用户对于每一帧可视化图像的重定向难度,并且减轻注意管理任务对于工作记忆造成的额外负担,从而可以将节省下的更多的资源用于主任务中。

5.3　序列式多视图呈现中视觉线索对视场转换损耗的影响

上一个实验证实了在并置式可视化呈现环境中,有彩色可作为感知线索对视场转换过程中的注意管理和视场转换损耗产生影响。本实验将基于序列式多视图环境,探究在高工作记忆负荷条件下,色彩对于注意管理的作用机理。此处提出色彩的启动效应这个概念。在心理学研究中,启动效应是指前一个相似或相关的刺激可作为一种启动因子对当前的刺激加工产生促进作用[290]。启动因子包括感知启动因子、符号启动因子、方位启动因子和概念启动因子等。但现存的相关研究场景大多基于简单的目标识别任务,其中目标较干扰项具有较高的辨识性,鲜有研究针对更为复杂的视觉搜索场景展开研究。

5.3.1　研究目的

序列式多视图可视化常见于时态数据可视化(Temporal Data Visualization)中,对于时态数据的可视分析任务常见的有多目标定位追踪和对时间跨度内的全局感知意识。和并置式多视图呈现环境不同的是,在序列式呈现环境中,注意焦点之前所在的视场将彻底消失,取而代之的是新的视场。这种完全替换的方式无疑将增加人们在视场间进行注意管理和注意重定向的难度。鉴于此研究背景,本实验的主要目的是研究色彩的感知可获得性对于用户在多视图之间进行注意管理的影响和对视场转换损耗的调节作用。具体来说,本实验将重点解决以下三个问题。

研究问题 1：在多视图序列式可视化呈现环境中，视场转换损耗该如何通过眼动数据进行表征？研究问题 2：色彩是否可以作为视觉注意启动因子来影响注意重定向过程？研究问题 3：如果研究问题 2 成立，那么色彩的感知可获得性和启动因子的有效性如何产生交互作用？第 5.3 节介绍的实验（简称为启动线索实验）和第 5.4 节中介绍的实验（简称为启动线索跟进实验）将共同回答这三个研究问题。

5.3.2　实验任务范式与假设

5.3.2.1　实验任务范式

本实验采用了连续追踪任务范式，其中用户需要监视不断更新的信息，将其编码进入工作记忆，并基于工作记忆中编码的内容对于一段时间内目标的变化情况做出判断。该任务常见于重症监护室和指挥控制室等控制中心中，在其中人们需要对不断变化的态势进行追踪，同时，对动态信息的记忆对于保持态势感知而言极为重要。本实验融合了联合视觉搜索任务组分，需要用户在干扰项目中定位并识别目标信息，并且对其进行记忆编码。通过联合视觉搜索与持续追踪任务结合，可以更真实地模仿实际的应用场景。

5.3.2.2　研究假设

基于以上提出的研究问题，并结合理论分析可做出如下假设。研究假设 1：在序列式可视化呈现环境中，前一个可视化图像中的目标色彩将会对视场转换后的注意重定向产生启动影响；研究假设 2：从上一个实验结果可见，无效的色彩启动线索将会对这种启动作用产生干扰，这种影响将体现为整体视觉搜索变缓，以及在视场转换过程中注意管理的效率降低；研究假设 3：感知可获得性更高的色彩启动因子将会产生更强烈的启动效应；研究假设 4：注意重定向过程中的视场转换损耗可通过视觉搜索过程中的心智努力和搜索效率相关的眼动指标共同表征。

5.3.3　实验方法

5.3.3.1　实验参与者

本实验共招募 16 名参与者，其中女性 5 名，男性 11 名，平均年龄 24.7 周岁

（SD＝2.8）。参与本实验的所有参与者均具有工程学、理学或心理学本科以上教育背景。此外，所有参与者视力或矫正视力正常，且均通过了石原氏色盲测试。实验知情同意流程同上一个实验。

5.3.3.2　实验仪器

本实验所用眼动追踪仪器型号及实验室光照环境条件均与第5.2.3.2节所报告的实验条件相同。

5.3.3.3　实验组块设计

本实验旨在探究色彩对于序列式多视图可视化中的注意重定向和视场转换损耗的启动效应。在实验中设定有两个自变量，分别为色彩的感知可获得性（共有两个水平：全局色彩和局部色彩）和启动因子的有效性（共有两个水平：有效启动因子和无效启动因子）。本实验中对于色彩感知可获得性的归类遵循第5.1节中对于整体和局部色彩编码的划分依据，其中全局色彩因子对应整体色彩编码，局部色彩因子则对应局部色彩编码。启动因子的有效性也遵循第5.2.3.3节中提及的有效/无效线索定义方式。

实验采用了2×2被试内设计方式，共设有四种色彩启动条件，分别为：有效全局色彩启动条件、有效局部色彩启动条件、无效全局色彩启动条件和无效局部色彩启动条件，同时设有一个灰阶的条件作为比较基线。启动因子的有效性作为组内因素，而感知可获得性作为组间因素，因此本实验共设定三个实验组。每个实验组包含24个实验组块，每个区块又进一步由5个连续的实验试次构成。如图5－9所示，两个连续的可视化视图构成了一个实验试次。在每个实验组中（除了基线组），有效和无效启动因子的数量均等，且试次为随机分布。

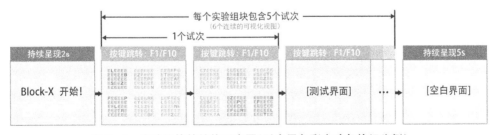

图5－9　实验组块的结构示意图（以全局色彩启动条件组为例）

127

5.3.3.4　实验流程与实验任务

在实验前每位参与者均被告知实验流程与任务。正式实验前设置有两个实验组块(每组 10 个试次)的练习环节,该环节不作实验数据记录。练习环节后是五点眼动自动校准,该校准过程由 Tobii Studio 自动完成。

实验参与者需要完成一个由特征搜索任务和持续追踪任务复合而成的复杂任务。在特征搜索任务中,他们需要在由大写字母构成的阵列(干扰项)中找到唯一的数字(目标),并且追踪连续界面中数字的变化情况。需要指出的是,测试者在实验前并不知道数字的具体数值。当参与者在干扰项目中找到了目标后,他们需要将其编码并存储至工作记忆中。为了判断相邻界面中数值的变化情况,他们需要在大脑中对数值的大小进行比较。此时,在上一个页面中搜索并且编码进入工作记忆的数字项目将会被提取。数值的变化有增大和减小两种情况,分别对应按键"F1"和"F10"。参与者需要在保证作答准确率的前提下,做出判断后立刻按键。当做出按键反馈后,测试页面会被完全替换为新的可视化界面。在此过程中,作答潜伏期是指从新的可视化界面刚开始呈现的时刻到做出按键反馈的时刻。每个实验组块结束后设置有 5 秒的空白界面,作为对于工作记忆的缓冲时间。实验组的顺序在被试间完全随机以消除顺序效应。

5.3.3.5　实验样本设计

每个测试界面均包含 6 个由大写字母和数字组成的字符块,该字符块以 3 列 2 行的形式呈现(每个字符块的尺寸为 323 像素×323 像素)。每个字符块由 30 个字母数字字符构成,这些字符以 6 行 5 列的矩阵形式排布;每个字符块中的字符可划分为三类,其中 26 个字符为背景干扰字符,4 个字符为前景干扰字符(或者是 3 个前景干扰字符和 1 个目标数字);每一个测试界面中仅有一个数字为目标字符。包含目标字符的字符块称为目标块。在全局色彩启动实验组中,每个字符块中的三类字符以同样色相呈现,但各自的色彩透明度不同。而在局部色彩启动实验组中,仅有前景干扰字符和目标字符着色,背景干扰字符则呈中度灰。在基线组中,前景字符与目标字符的灰度相同,而背景干扰字符的灰度则稍浅。每一个实验组中的测试界面样本见图 5-10。所有的有彩色均取自 CIE-L* a* b* 色彩空间,且相互保持均等的色彩感知差(本实验中平均色彩感知色差 ΔE 大于 100)。控制色彩感知差异可以消除色彩凸显性对注意导向带来的干扰。测试界面的背景色为浅灰色

（Lab＝95.31/－0.49/0.29）。三个实验组中的不同类型字符的色度或灰度设置见表 5-3。

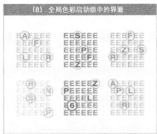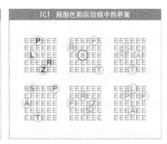

图 5-10　每个实验组中测试界面样式（扫码看彩图）

注：蓝色气泡圈出的为前景干扰项字符；红色圆圈标注的为目标字符。字母"E"为背景干扰字符。图中所示的虚线框和气泡、圆圈均仅作展示用途。

表 5-3　每个实验组中的不同字符类型的色度与透明度设定方式

实验组	全局色彩启动组	局部色彩启动组	基线组
目标字符	■	■	▲
前景干扰字符	■	■	▲
背景干扰字符	□	△	△

备注：符号"■"表示有彩色颜色的不透明度为 100%；符号"□"表示色彩以 70% 的不透明度呈现；符号"▲"表示无彩色颜色（灰阶）的不透明度为 100%；符号"△"表示无彩色颜色（灰阶）的不透明度为 70%。

　　背景干扰字符均为大写字母"E"；前景干扰字符是从集合｛A，B，D，F，G，L，N，P，R，S，T，Z｝中随机选取；目标数字是从 0 至 9 中的任意数字。前景干扰字符的选择依据所选大写字母与目标数字之间存在的构型相似性，例如大写字母 Z 与数字 2 构型相似。这种构型相似性能够降低单例搜索发生的可能性，并且增加特征搜索的难度。目标块的位置为伪随机排布，这种伪随机方式能够保证在一个试次的前后两个测试页面中目标块的位置不同。此外，目标块的位置变化无法预测，但在同一个实验组块中，目标块出现在六个方位的概率均等（即左上、中上、右上、左下、中下、右下）。在实验前测试者将告知参与者目标块的位置不包含任何信息。因此，方位并不能提供给参与者有效的注意转移线索，本实验中记录到的注意转移均可视为由任务指示和色彩启动因子的属性共同作用。本实验中四种启动条件的试次样本见图 5-11。

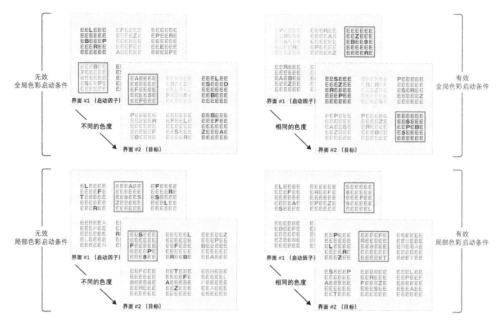

图 5-11　四种色彩启动条件下的实验试次样本（扫码看彩图）

5.3.3.6　实验因变量

在正式实验中，行为数据和眼动数据被同时记录。行为方面的记录变量包括任务完成时间（TCT）和作答准确率（ACC），这两个指标通过 Tobii Studio 自动记录。四个眼动指标被记录，包括初访兴趣区域前的间隔时间（TFF）、TFF 占总体注视时间的比重（%TFF/TVD）、目标与启动字符块之间的 TFF 差（ΔTFF）以及无效启动试次所占比重（$p_{\text{Invalid Prioritization}}$）。表 5-4 列出了四种眼动指标的定义及适用条件组。在这四个眼动指标中，TFF 和%TFF/TVD 可作为搜索效率的表征因子；同时 ΔTFF 和 $p_{\text{Invalid Prioritization}}$ 可作为搜索准确度的表征，其中搜索准确度是指扫视指向目标块而非受启动的兴趣区域。这两个指标揭示了无效启动因子对于视觉搜索的干扰。

尽管前人研究采用了扫视相关的测量指标来表征搜索效率和搜索准确性，但考虑到在整体扫视轨迹中有若干次扫视首尾连接，并且在本实验中扫视起点和终点随试次而不同，因此本实验选择将目标兴趣区域的访问时间作为主要的测量指标。此外，鉴于在本实验测试界面中，兴趣区域之间的平均跨距为 20.61°（根据字符块之间的欧几里得距离、字符块之间的转换频率以及平均视距 675 mm 计算得出），根据

Holmqvist 和 Andersson 对于扫视速率的测量(扫视速率约为 $30\sim100(°)/s$)[291],以及本实验中所用的眼动追踪仪器采样条件(采样率为 60 Hz),在扫视轨迹进入目标兴趣区域前将存在若干段扫视,因此研究扫视相关的指标在本实验中并没有显著意义。

表 5-4　色彩启动效应实验中采用的眼动指标定义

指标	适用实验条件	定义
TFF	所有条件	该指标是指从测试界面呈现开始到首次访问目标兴趣区域的时间
%TFF/TVD	所有条件	该指标是指首次访问目标兴趣区域的时间占总体注视时间的比重
ΔTFF	无效启动条件	该指标是指对于无效启动字符块(兴趣区域)的首次访问时间减去对于目标字符块(兴趣区域)的首次访问时间。(ΔTFF 为负值表示对于受无效启动因子影响的字符块比目标字符所在的字符块更早地被访问)
p Invalid Prioritization	无效启动条件	该指标是指所有受无效启动因子引导的实验试次数目占所有无效试次数目的比重

5.3.3.7　数据分析方法

所有眼动记录的采样率均在 85% 以上,这说明采集具有较高的平稳性。在每个实验测试界面中定义了两种兴趣区域(每个兴趣区域的大小为 350 像素 × 350 像素),其中一种兴趣区域为目标块,另一种兴趣区域为受启动因子影响的字符块。值得注意的是,在有效启动试次中,这两个兴趣区域是重合的。落在兴趣区域之外的眼动数据将不予考虑。在做分析之前,满足下列四个条件之一的数据也将予以剔除:(1) 错误作答的实验试次(实验参与者对该试次中数值变化的判断错误);(2) 未记录到眼动数据的试次;(3) 任务完成时间(TCT)少于 100 ms 的试次(过短的完成时间也许是因为不慎按键);(4) 任务完成时间超出平均 TCT 值 2.5 倍标准差的试次。所有的统计分析工作通过 SPSS 22.0 完成,置信区间设定为 95%。

5.3.4　数据分析结果

在实验后通过 G^* power 对于实验样本的效应量进行事后检验,检验结果表明,本实验在置信度 α 为 0.05,假定效应量为最高水平($f=0.4$)的条件下所取得的统计功效水平为 0.883，由此可证明实验样本充足且统计效力完好。TCT、ACC、TFF 和%TFF/TVD 在每个实验条件下的平均值见表 5 - 5。

表 5 - 5   测量指标在五种测试条件下的平均值和标准差

测试条件	有效-全局	无效-全局	有效-局部	无效-局部	基线组
TCT/ms	1 448.4(160.1)▲	1 776.9(380.0)■	1 657.0(209.0)	1 729.3(279.0)	1 683.7(338.1)
ACC/%	98.28(4.66)▲	97.50(7.81)	97.36(3.96)	97.08(6.30)■	97.17(5.97)
TFF/ms	776.8(86.6)▲	911.7(104.3)■	834.7(118.9)	838.4(151.9)	793.2(108.1)
%TFF/TVD	42.87(4.40)▲	53.60(6.91)	53.84(9.22)■	52.62(8.56)	51.68(8.81)

注：符号"▲"标注了在该条件组中测量指标呈现最佳绩效；符号"■"则标注了最差绩效。

5.3.4.1 任务完成时间与作答准确率

整体而言，有效启动条件下的平均 TCT 更短。多元方差分析结果显示，感知可获得性因素对于 TCT 的主效应并不显著[$F(1,70)=1.229$, Sig. $=0.271$]，但启动因子有效性因素则具有显著的主效应[$F(1,70)=6.110$, Sig. $=0.016$]，并且两者之间的交互效应呈边缘显著[$F(1,70)=2.849$, Sig. $=0.096<0.1$]。据简单效应分析结果，仅全局启动条件组中存在较为显著的组间差异性（$M_{VG}=$ 1 448.407 毫秒，SD$=156.883$；$M_{IVG}=1\,776.928$ ms，SD$=382.976$；Sig. $=0.04$）。为了进一步比较两种有效启动因子条件和基线条件之间的差异，采用单因素方差分析法（ANOVA），以启动因子类型作为唯一自变量（此时共有三个水平：有效全局启动因子、有效局部启动因子和无启动因子）进行分析。结果表明，启动因子类型的主效应达到了统计学显著水平[$F(2,45)=4.470$, Sig. $=0.017$]；事后分析结果同时表明，有效全局启动条件下的 TCT 与基线条件之间存在显著差异（Sig. $=$ 0.009）。相反地，有效局部启动条件与基线条件下的 TCT 几乎无差异（Sig. $=$ 0.758）。将无效条件与基线条件进行对比时未发现显著差异（Sig. >0.05）。图 5 - 12 展示了 TCT 在不同实验条件下的配对比较结果。对于作答准确率而言，有效全局启动因子条件下的平均作答准确率最高（$M_{VG}=98.28\%$），而无效局部启动因子条件下的准确率最低（$M_{IVL}=97.08\%$），但在实验组别之间未发现显著差异（Sig. >0.05）。

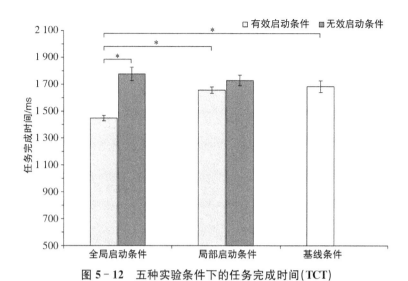

图 5 - 12　五种实验条件下的任务完成时间(TCT)

注:"＊"表示配对比较结果达到了统计学显著水平(Sig.≤0.05)。误差线表示一倍标准误差,下同。

5.3.4.2　TFF 和 TFF 占总体注视时间的比重

图 5 - 13 展示了 TFF 和 TFF 占总体注视时间的比重在不同实验条件中的总体分布情况。总体而言,有效启动条件下的 TFF 短于无效启动条件;此外,有效全局启动条件下的 TFF 最短,且%TFF/TVD 最小,然而在无效全局启动条件下TFF 则最长。在局部启动条件中,有效与无效线索之间的 TFF 差异很小。多元方差分析结果显示,启动因子的感知可获得性和有效性均对%TFF/TVD 产生显著的主效应[$F(1,70)=6.224$,Sig.$=0.015$;$F(1,70)=5.656$,Sig.$=0.020$],且两者的交互效应仍显著[$F(1,70)=8.925$,Sig.$=0.004$];在全局色彩启动实验组中($M_{VG}=42.87\%$,SD$=4.40\%$;$M_{IVG}=53.60\%$,SD$=6.91\%$,Sig.$=0.000$),以及有效的全局色彩与局部色彩两个条件之间($M_{VG}=42.87\%$,SD$=4.40\%$;$M_{VL}=53.84\%$,SD$=9.19\%$,Sig.$=0.000$)均分析得出显著差异。通过单因素方差分析可得,全局与局部启动条件下的%TFF/TVD[$F(2,45)=8.407$,Sig.$=0.000$],以及有效的全局启动条件与基线条件之间(Sig.$=0.003$)均存在显著差异。但无效启动因子条件组与基线组的配对比较结果均未发现显著差异(Sig.>0.05)。Kruskal-Wallis H 检验结果证实了启动因子的有效性对 TFF 存在显著的主效应($\chi^2=6.459$,df$=2$,Sig.$=0.040$);而启动因子可感知性的主效应并不显著($\chi^2=$

1.053,df=2,Sig. =0.591)。同时,无效的全局色彩启动因子条件下的 TFF 显著长于基线条件[$F(2,45)=3.300$,Sig. =0.016]。

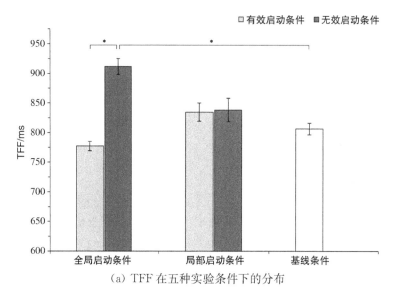

（a）TFF 在五种实验条件下的分布

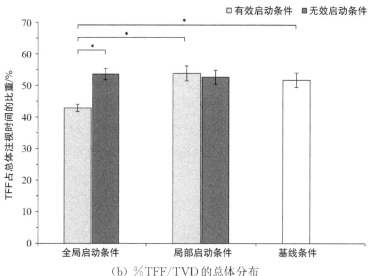

（b）%TFF/TVD 的总体分布

图 5-13　五种实验条件下的 TFF 及其占总体注视时间的比重

5.3.4.3　ΔTFF 和无效启动试次所占比重

为了进一步探究色彩感知有效性对其启动效应的影响,首先对无效的启动条件试次进行分析。由图 5-14 可见,无效全局启动条件下的 ΔTFF 显著低于无效局部启动条件,同时 $p_{\text{Invalid Prioritization}}$ 亦观察得出同样的趋势。单因素方差分析结果显示,色彩启动因子的感知可获得性对 ΔTFF[$F_{(1,28)}=4.828$, Sig. $=0.036$]和 $p_{\text{Invalid Prioritization}}$[$F_{(1,28)}=18.529$, Sig. $=0.000$]均存在显著的主效应。

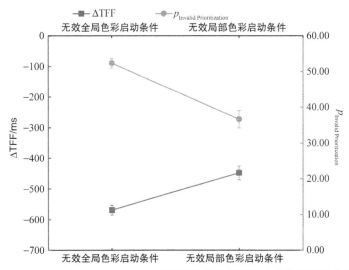

图 5-14　ΔTFF 和 $p_{\text{Invalid prioritization}}$ 在两种无效的色彩启动条件下的分布情况

5.3.5　实验讨论与小结

总体而言,与基线条件相比,有效的全局色彩启动因子条件下的整体任务完成时间,以及用于目标兴趣区域定位的时间更短。这说明当启动因子有效时,人们定位目标的速度更快。由于在本实验中,与视觉搜索曲率相关的潜在因子均被控制。因此可以推断,在有效的启动因子条件下被节省的任务完成时间来源于注意重定向过程,而非视觉搜索或浏览过程。因此研究假设 1 被证实。除此之外,由于相邻可视化界面中着色字符块的构型不同,因此在新界面中定位目标时需要人们摒弃在上一个界面中已经建立的空间联系,并且在新的搜索空间(域)中重新建立参考框架。可以推测,色彩作为启动因子能够有助于新的参考框架的构建,从而在新视图出现时减少注意重定向过程中所需要的认知成本,降低视场转换损耗。

然而,无效的启动因子则会错误地引导视觉注意的重定向。从较长的初次访问潜伏期和任务完成时间可知,人们在定位目标的过程中会花费更多的时间与努力,这也反映了较低的注意重定向效率。因此,研究假设 2 得以证实。具体地说,通过对比无效全局色彩启动条件和基线条件可知，无效的全局启动因子对于注意重定向的负面影响更大，然而在无效的局部色彩启动条件中则负面影响更小（几乎观察不到）。结合 ΔTFF 和 $p_{\text{Invalid prioritization}}$ 可以推断，全局色彩启动因子对于视场转换后的注意重定向的影响更大，而局部色彩启动因子则影响相对微弱。鉴于此，研究假设 3 被部分证实。为了进一步探究全局和局部色彩启动因子对于注意重定向的相对有效性，下一个实验将基于具体的时态数据可视化实例对于该研究问题作进一步研究与分析。

5.4　基于实例的序列式多视图呈现中的视觉启动线索有效性验证

为了进一步证实在第 5.3.5 节中报告的实验结论——相对于局部色彩而言，全局色彩在注意引导和调节视图转换损耗方面具有更强的启动效应，本实验基于真实的时态数据可视化作进一步验证。本实验的任务范式与上一个实验相同（即视觉搜索与时序追踪任务相结合的任务范式）。本实验另选拔了 16 位参与者（7位女性，9 位男性，平均年龄为 27.25 岁，SD＝2.80），参与者的教育背景、视力情况以及实验知情流程均同上一个实验。此外，实验流程、实验设备、实验室地点与实验环境均与上一个实验保持一致。

5.4.1　可视化数据集

本实验中所有可视化数据均来自 WHO 在线数据库（http：//apps. who. int/nha/database/Select/Indicators/en），其中选择了从 2001 年到 2016 年之间大约 60个国家或地区的人均健康支出数据（CHE）进行可视化。数据涵盖欧盟、非洲联盟、中东、美洲和西太平洋地区。参与者需要摒弃他们的先验知识，仅根据他们在测试中所得与所见的信息完成任务。

5.4.2　实验方法

5.4.2.1　实验设计

本实验采用了被试内实验设计方法，以色彩启动因子的感知可获得性作为唯一自变量。本实验沿用了上一个实验中对于全局和局部色彩的定义，并以这两种色彩编码形式对同一个数据集进行可视化,生成了两种不同类型的可视化形式。每个实验条件下有两个实验组块,每个实验组块由五个连续的实验试次构成。

5.4.2.2　刺激设计

实验中以水平条形图来表示各国家或地区每三年的 CHE 数据,CHE 数值的变化通过一系列序列式的视图来呈现,从而建立了一种序列呈现式的多视图可视化环境。如图 5‑15 所示,每一张水平条形图由六部分构成:(1) 国家名称;(2) 矩形条;(3) CHE 数据;(4) 时间导航工具;(5) 图例;(6) 数值刻度。矩形条的颜色由所指示的国家所属的地理区域决定,颜色编码与地区的对应关系在图例中明确显示。数据集中共存在五类地理区域,分别用五种独特的颜色呈现:C_1(R/G/B:67/82/162,紫色);C_2(R/G/B:0/180/230,蓝色);C_3(R/G/B:72/186/172,绿色);C_4(R/G/B:237/108/0,橙色);C_5(R/G/B:254/211/18,黄色)。本实验中颜色的选取是基于颜色类别对于色彩辨识度影响的相关研究结果。

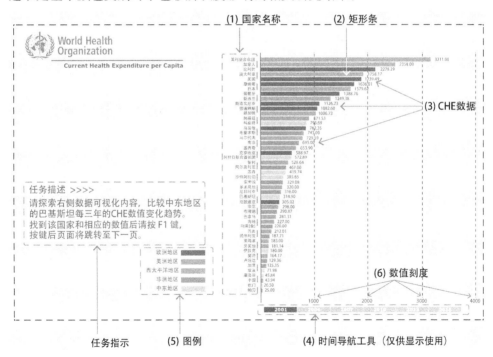

图 5‑15　视觉启动线索有效性实验界面中的各部件示意图(扫码看彩图)

两种形式的条形图分别对应两种色彩感知可获得水平。其中一种是按区域分组的水平条形图(Region-Grouped Bar Chart,RG-BC),另一种是倒序水平条形图(Inverted-Ordering Bar Chart,IO-BC),分别对应全局色彩启动条件和局部色彩启动条件。如图 5-16 所示,在 RG-BC 中,区域(色块)的顺序由该区域内所有国家在当年的 CHE 总和确定。在每个块中,国家按当年 CHE 数值倒序排列。而在 IO-BC 中,所有国家的 CHE 数据均按倒序排列(最高值的国家位于顶部,最低的国家位于底部)。对原始数据集中的数据进行了处理,以确保在相邻可视化界面中,块的顺序和每个国家的位置不同。可视化由 Tableau Desktop 创建并在 Abode Illustrator CC 中进行了修饰。除了不同的表示格式和任务指令外,所有其他可能影响任务复杂性的因素(例如,国家总数和任务类型)在整个实验过程中均保持不变。

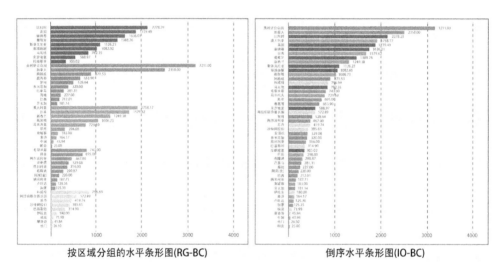

按区域分组的水平条形图(RG-BC)　　　　　　倒序水平条形图(IO-BC)

图 5-16　RG-BC 和 IO-BC 条件中的可视化样本

5.4.2.3　实验流程与实验任务设定

实验前首先向参与者介绍实验的流程和任务类型,随后他们将通过两个训练组块(每种条件一个组块)来熟悉本次实验。在练习环节中,他们需要了解两个可视化的设计原理,并熟悉两组可视化中的地理分布。练习之后是测试环节,每位参与者所经历的实验组块顺序为随机排布以消除顺序效应。在实验完成后,所有参与者都需要完成六个七级李克特量表。该量表旨在收集实验参与者对两组可视化的感知有效性、导航有效性和美学评价的主观评估得分。所有三个项目的

Cronbach's α 值分别为 0.926、0.920、0.943，Bartlett 球形检验结果为显著（Sig. $=0.000$）。抽样充分性的 Kaiser-Meyer-Olkin 测量值为 0.776，表明该量表具有良好的结构效度。

本实验采用与上一个实验（第 5.3.3.4 节）同样的任务范式，唯一的不同点在于，本实验中目标的特征值即目标国家的名称是提前告知参与者。在每一个试次中，参与者均需要追踪并判断一个指定目标国家的 CHE 数据每三年的变化情况（增加对应按键"F1"，减少对应按键"F10"）。每一个可视化界面随着参与者的按键反馈而发生完全替换。

5.4.2.4　实验因变量

实验中同时记录了行为和眼动数据，实验后通过主观量表形式采集参与者的主观评分。行为测量变量包括任务完成时间（TCT）和作答准确率（ACC）；眼动测量变量包括总体注视点数目（TFC）、平均扫视幅度和总体扫视路径。鉴于本实验中采用的眼动仪采样率为 60 赫兹，因此实验将采用注视点之间的距离（IntFix）以及注视点距离总和[Sum(IntFix)]作为扫视幅度和扫视路径总和的粗略计算值。每一个测量指标的操作定义见表 5-6。

表 5-6　本实验眼动测量变量及主观评估维度的定义

测量变量	替代测量变量	操作定义
总体注视点数目（TFC）	—	当前界面中所有注视点总和
扫视幅度（SaP）	注视点间距（IntFix）	SaP 是指从扫视起点到扫视终点之间的距离；IntFix 是指两个连续的注视点之间的欧几里得距离
扫视路径长度（SPL）	注视点间距之和 [Sum(IntFix)]	SPL 是指扫视路径中所有扫视幅度总和；Sum(IntFix)是指注视点间距总和
感知有效性	—	可视化形式对实验参与者搜索目标信息行为的支持程度（0 分和 6 分分别表示"完全没用"和"非常有用"）
导航有效性	—	在可视化视图发生变化之后，可视化形式对实验参与者注意导向和构建搜索策略的支持程度（0 分和 6 分分别表示"完全没用"和"非常有用"）

在眼动测量变量中，TFC 可用于表征注视的频次，它是一种对于搜索效率的

测量因子。IntFix 反映了视野的大小和信息处理的速度。由于在任务完成过程中，最理想化的扫视路径应该为指向目标的直线，而较长的扫视路径长度则常见于无效的注意向导和设计不良的用户界面中。与 SPL 相比，TFC 和 SaP 能够更详细地反映注视点的时空分布情况，从而能够揭示在搜索空间中注意资源的分配情况随时间的变化。

5.4.2.5　数据分析方法

实验中所有记录的采样率均超过 85％。本实验中采用 I-VT 算法对眼动事件进行判别与筛选。在 IO-BC 组和 RG-BC 组共剔除的注视点数目分别占总体注视点数目的 5.94％和 3.82％。清洗之后的数据通过 SPSS 22.0 进行统计分析，所有统计分析的置信区间设定为 95％。

5.4.3　数据分析结果

通过 G* power 软件对实验样本的效应量进行事后检验。结果表明，本实验在置信度 α 为 0.05，假定效应量为最高水平（$f=0.4$）的条件下所取得的统计功效水平为 0.895，由此可证明实验样本充足且统计效力完好。统计分析着重分析两个自变量，其一为组间变量（色彩启动线索的感知可获得性），其二为组内变量（当前可视化界面在整个时态数据可视化序列中的位置）。

5.4.3.1　任务完成时间与作答准确率

如图 5-17 中所示，在 IO-BC 条件下的任务完成时间（TCT）明显长于 RG-BC 条件。通过双因素重复测量方差分析可知，启动线索感知可获得性的主效应显著 [$F_{(1, 28)}=25.922$, Sig.$=0.000$]，且组内变量（呈现位置）的主效应 [$F_{(2.876, 80.519)}=33.038$, Sig.$=0.000$] 和两者的交互效应 [$F_{(2.876, 80.519)}=35.452$, Sig.$=0.023$] 均达到了统计意义上的显著水平。随后对两个实验条件均进行了简单效应分析，结果表明前五个测试界面中的 TCT 均存在显著差异（Sig.<0.05）。两个实验条件下的作答准确率并不存在显著差异，且所有实验参与者在每个试次中的作答准确率均超过了 95.00％。

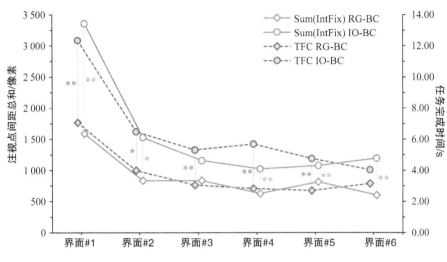

图 5 - 17　不同实验条件下的任务完成时间与注视点间距总和

注:图中细线表示实验组之间的差值,其中"**"标注为两者差值达到了统计意义上的显著水平(Sig. ≤0.05);"*"标注为差值达到了边缘显著水平(0.5<Sig. ≤0.1),下同。

5.4.3.2　注视点间距总和

如图 5 - 17 中所示,注视点间距总和与任务完成时间随视图序列呈现出相似的变化趋势,根据 Pearson 相关性分析结果,两者之间存在显著的相关性($r=0.784$,two-tailed Sig. $=0.000$)。此外,在两种可视化形式中,总体扫视距离从第一张可视化视图到最后一张均呈现出递减趋势,该现象在 IO-BC 条件中的前两张可视化界面中尤其突出。通过双因素重复测量方差分析可知,色彩感知可获得性的主效应[$F(1, 28)=15.548$,Sig. $=0.000$]、序列位置的主效应[$F(2.103, 58.882)=17.788$,Sig. $=0.000$]以及两者交互效应[$F(2.103, 58.882)=3.681$,Sig. $=0.029$]均达到显著水平。简单效应分析显示,除了序列位置♯3 之外,IO-BC 与 RG-BC 在其他所有序列位置上的成对比较均达到了边缘显著水平(Sig. ≤0.1)。从图中 Sum(IntFix)折线变化趋势也可得知,在 RG-BC 条件中,Sum(IntFix)折线变化更为平缓,这也支持了在该条件下第一张可视化界面与随后五张界面之间仅存在边缘显著差异(0.5<Sig. ≤0.1);然而在 IO-BC 条件中折线则下降尤为陡峭,并且第一与第二张界面之间存在显著差异(Sig. $=0.000$)。

5.4.3.3　总体注视次数和注视间距离

较 IO-BC 条件而言，RG-BC 条件下产生的注视点数目更少，如图 5-18 中实线所示。重复测量分析结果显示，色彩感知可获得性的主效应显著[$F(1, 28) = 35.077$, Sig. $= 0.000$]，而两条件在任意序列位置产生的 TFC 差异均达到了统计学显著水平(Sig. < 0.05)。同时，可以发现从第一张可视化界面起，TFC 均呈现出显著的下降趋势，该观察结论已被统计分析结果支持(Sig. < 0.05)。随后提取了在两条件中注视点间距最长的注视点在整个注视流中的时序位置(序号)，并将结果通过图 5-18 中的虚线展示。可以发现，在 RG-BC 可视化中，最长注视点间距出现得更早。重复测量方差分析结果表明，在该测量变量中，感知可获得性的主效应[$F(1, 28) = 15.294$, Sig. $= 0.001$]和序列位置的主效应[$F(1.746, 48.883) = 7.578$, Sig. $= 0.002$]均显著。为了更好地说明该实验观察，通过图 5-19 展示了某实验参与者在两种可视化条件中的注视点分布图。由图可知，在 RG-BC[图 5-19(A)]中，长扫视出现在浏览过程的早期阶段，这表明参与者的视觉注意能够更有效地导向目标兴趣区域。然而，在 IO-BC 可视化中[图 5-19(B)]，长扫视仅出现在视觉浏览过程中期阶段。

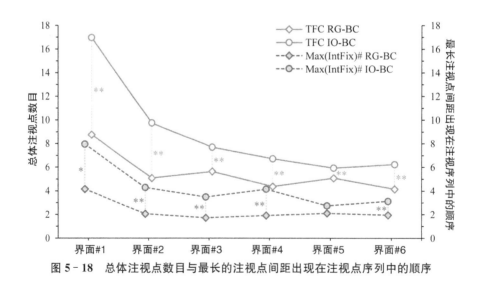

图 5-18　总体注视点数目与最长的注视点间距出现在注视点序列中的顺序

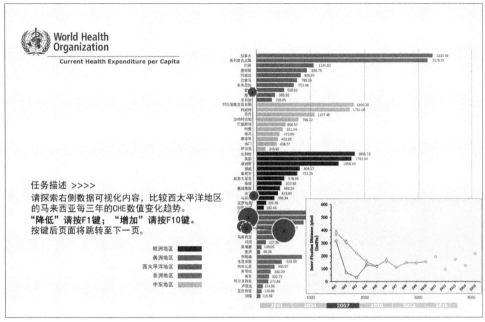

（A）RG-BC 可视化中的注视点分布图及其随时间分布形态

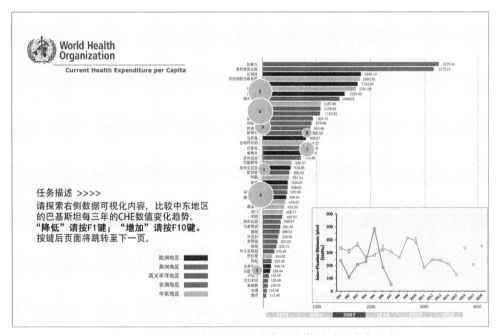

（B）IO-BC 可视化中的注视点分布图及其随时间分布形态

图 5-19　某实验参与者在两种可视化条件下的注视点时序分布形态（扫码看彩图）

注：图中右下方的折线图展示了 IntFix 随时间的分布情况，其中灰色线表示所有参与者在该测试界面中的分布，橙色线表示该参与者的 IntFix 分布。折线图的 x 轴表示注视点序号，y 轴表示注视点间的距离。误差线表示一倍标准误差。

5.4.3.4　主观体验评分

由图 5-20 可见，在三个评价维度上，RG-BC 的评分均高于 IO-BC 条件。对于感知和导航有效性的主观评估得分结果与上文分析的行为与眼动测量变量的结果保持一致。另外，RG-BC 可视化在美学评价方面也优于 IO-BC，这说明人们的感知与导航绩效也可能影响他们对于可视化形式的感性美学的评价。

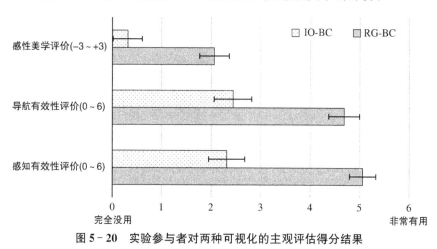

图 5-20　实验参与者对两种可视化的主观评估得分结果

5.4.4　实验讨论与小结

鉴于在本实验中，首个可视化测试界面中的任务完成时间、总体扫视路径和注视点总数均多于随后的五个可视化界面，可以推测，造成这一差异的主要原因是第一个测试界面中缺少启动线索。具体而言，当人们初次访问可视化界面时，工作记忆中没有可用的启动特征，在随后的呈现刺激中，工作记忆中均存在可用于启动视觉注意导向的色彩特征。因此，有理由从可视化序列组间差异中推断出启动效应的存在，及其对于序列式多视图化呈现中的信息搜索效率的影响。

由于总体注视点数目和扫视路径这两个眼动指标与视觉搜索效率之间均存在负相关关系，因此可以相信在 RG-BC 条件下的搜索效率要高于 IO-BC 条件。此外，在 Tobii 眼动仪中根据 I-VT 算法鉴别的视觉凝视点与认知凝视点之间存在高度一致性，由此可以推测，当存在全局色彩启动因子时，人们需要注意和加工的项目更少。总体注视点数目和扫视路径长度从粗粒度的视角揭示了人们在两种启动因子条件下的搜索效率，当进一步对扫视路径进行剖解可以更细致地研究并分析认知资源如何在时间和空间维度进行动态分布。

　　总体而言,扫视幅度较短表示对于细节的局部审视,而较大的扫视幅度则被认为是人们在进行全局性的浏览[292]。在搜索空间中,全局浏览往往与局部查看交错发生。可以认为在 RG-BC 可视化中,全局浏览较早发生,并且占据了视觉浏览过程的大部分;相反地,在 IO-BC 可视化中存在更多的聚焦加工,因为此时参与者需要查看国家名称列表直到找到目标为止。由于人们在视觉搜索过程中常存在速度与准确性的平衡关系问题,很难去定义哪一种搜索策略更优,但可以通过扫视幅度与注视点总数目等指标进行推断,可视化界面中提供的全局色彩启动因子更有利于视图完全替换后的注意重定向,并且可缩减视场转换损耗。

　　此外,从图 5 - 19(B)中可知,在 IO-BC 可视化条件中存在一些"原路返回"(见图中注视点 1→2→3)和还原(见图中注视点 3→4)眼动事件。如果仔细查看注视点分布图,会发现还存在一些回视事件(请参见三类眼动事件的区别[291])。当可视化中提供局部色彩启动因子时,会出现更多回视类注视点,此时人们会对曾经注视或加工过的内容再一次进行加工,因此,搜索效率和人们对于可视化中感知与导航有效性的主观评估也会降低。然而,界面中提供的可感知度更强,且更凸显的色彩启动因子却能够帮助工作记忆的维持。换言之,全局色彩的编码同时也能够加深用户对视觉空间的记忆。

5.5　对启动线索实验及其跟进实验的总结

5.5.1　实验总结

　　启动线索实验和跟进实验均证实了在序列式多视图呈现可视化中,色彩对于注意引导和注意重定向过程的启动作用。但这两个实验中证实的色彩启动效应拥有不同的作用机制。启动线索实验中色彩诱发的启动效应属于感知觉启动,而跟进实验中色彩所诱发的启动效应则包含了感知觉启动和概念启动。在序列式多视图呈现中,这种启动线索效应将从一定程度上降低注意重定向的难度,并减少视场转换过程中的视场转换损耗。

　　由于在两个实验中都采用了复合任务范式,人们的注意同样也可能受到任务指示的影响。在启动线索实验中,无效启动条件下的初访目标字符块潜伏期明显延长，这说明来自任务目标的自上而下的注意控制受到了来自无效启动因子的干扰。如果来自任务目标与启动因子的注意控制作用是同向的（在有效启动条件中），那么将观察到显著的促进作用。但令人遗憾的是，至今为止研究者仍无法分离并揭示两种注意控制机制作用的时间关系，这也是未来研究的课题之一。

除此之外，全局色彩启动条件中的层次化视觉编码方式（背景干扰层和前景干扰层）也同人们的层次化视觉分析特性保持吻合。从另一方面来说，全局色彩有助于感知分组，从而有利于相邻项之间的分离。相比之下，分散的着色字母则会弱化这种感知分组效应。当视场发生转换后，感知分组效应能够促进人们对整个搜索空间的前注意加工并辅助其完成注意重定向。此阶段将有利于随后的基于注意导向的决策。因此，存在感知分组效应的全局启动线索能缩短初访的潜伏期，同时也能提高在视觉浏览过程中的认知加工效率。

上述两个实验共同验证了在序列式呈现可视化环境中，色彩（尤其是全局色彩）能够诱发启动效应，从而帮助人们在视场转换后更高效地进行注意管理并完成注意重定向，削减视场转换损耗。在用户体验中，保持视觉注意的连贯性同时也是获得心流的必要条件之一，这也能解释为何在跟进实验 RG-BC 可视化条件中，实验参与者对于感知与导航有效性主观评分更高。

5.5.2　设计策略

通过启动线索实验及其跟进实验中的研究结论，可以提炼出如下设计策略：

设计策略 1：色彩可以作为视觉感知启动因子，降低视场转换后的注意管理和注意重定向的难度，从而削减注意重定向过程中的认知资源消耗。

设计策略 2：全局色彩可以增加可视化界面中的层次性，从而辅助可视化场景整体感知和注意重定向，降低序列式呈现环境中的视场转换损耗。

上述两条设计策略对于时空数据可视化的设计指导意义尤为重大。例如，在海军指挥控制作战界面中，舰队的位置与航向将不断更新，同时每一艘舰船的其他航行参数也会发生变化。整个态势地图会以一个固定的速率保持持续更新。为了侦测潜在的危机，操作员需要对态势地图进行持续的监控，从而对可能出现的危机进行态势感知。在此情况下，将相同舰队的舰船以全局色彩的样式进行编码，可便于操作员对该舰队中每艘舰船的细节侦察与定位。甚至可以推断，全局色彩对于注意重定向的促进作用在以高度时间压力为特征的任务环境下将更为显著。

本章小结

　　本章基于多视图并置式和序列式可视化呈现环境,以用户在这两种可视化环境中的注意重定向和视场转换后的注意管理为切入点,选择了色彩编码作为研究对象,深入研究了色彩这一设计要素对于注意重定向和视场转换损耗的影响。通过实验研究表明,色彩能够作为有效的感知线索提升多视图之间的视觉连贯性以及同一视图内的整体性,从而提升视场转换后的注意重定向进程的效率,并缩减该阶段所产生的视场转换损耗;同时,相较于局部色彩编码,全局色彩能够更好地促进人们对于新的视觉搜索空间的前注意加工,并通过视觉感知与视觉分析的层次化特征实现对于视觉注意的控制与引导,从而缩减注意重定向阶段所消耗的认知资源。本章针对多视图可视环境中的视觉注意管理问题,验证了色彩编码对于注意重定向的促进作用,并且证实了它们可以有效调节视场转换损耗。根据实验研究得出的结论,本章提出了相应的设计策略。

6

第六章　工作记忆卸载对视场转换损耗的影响研究

引言

如本书第 4.2 节所述，视场转换损耗有两种表现形式。上一章重点探究了如何对在注意管理方面所产生的视场转换损耗进行调节，本章将针对心智地图构建中视场转换损耗的影响因素展开研究。本书第 4.4.2.2 节曾提到，以最少的交互成本收获更多的期望是人们在多视图信息可视化中做交互决策的本能，因而可视化中提供的工作记忆卸载也是影响视场转换损耗的重要外源性因素之一。本章将从心智地图构建角度，针对工作记忆卸载对视场转换损耗的影响机制进行研究。心智地图是人们对于信息空间的理解，同时也是人们进行视觉探索与可视分析的工具和内在驱动力。本章将选取空间-时态数据和地理层次化数据这两种可视化形式，从可视化呈现方式的角度，探究如何通过设计的方法帮助人们在视场转换过程中更好地建立视图之间的联系，既能减轻工作记忆负荷又能更好地建立对于信息可视化空间的全局感知意识。

6.1　心智地图构建中的工作记忆

心智地图是人们对于信息可视化所表征的信息（包括层次、拓扑、语义、时序）的理解。心智地图的构建需要以工作记忆为场所对信息进行短暂存储和认知整合加工，因此工作记忆是心智地图构建过程中最核心的认知机制。那么，如何有效干预工作记忆的衰减问题是本章所需解决的核心问题之一。只有巩固了工作记忆中存储内容的维持水平，人们才能更好地对其进行利用。本章从可视化视图呈现与交互的角度提出并验证了两种可行的卸载工作记忆负荷的方法，同时验证了它们对于心智地图构建以及调控视场转换损耗的作用。其中实验一将基于空间-时态数据的可视化，探究不同时间接近性条件下的时间帧显示对于工作记忆卸载和心智模型构建的影响；实验二将基于层次化地理数据可视化，探究概览视图对于工作记忆卸载、层次空间认知与心理模型构建的影响。

6.1.1　空间-时态数据可视化中的工作记忆

空间-时态数据的可视化呈现形式通常有两种，第一种形式是先将所有时间帧的数据逐一进行视觉表征和可视化呈现,随后将所有时间帧平铺呈现,从而允许用户获取时间区间内所有数据的概览(图6-1);第二种方式是依次呈现每一个时间帧数据(图6-1),用户通过可视化中所传递的时间帧呈现序列与时态数据或事件发生次序之间的映射关系,构建对于空间-时态数据的整体理解。两种呈现方式均需要用户对于分散视场之间的内在联系进行概念化加工,并且形成整体的时态事件表征[222]。用户对于可视化所描述事件的内在整体表征则为心智地图。用户不仅要对时间属性、空间属性还要对事件内容属性进行整体的编码与整合。具体而言,时间属性的编码与整合旨在帮助用户描述某个具体的事件何时出现在某处(即Where+What→When);空间属性的编码与整合旨在帮助用户描述某事件或物体在特定的时间点或时间段内出现在何处(即What+When→Where);事件维度则旨在帮助用户描述在特定的时间和位置所发生的事件或出现的物体(即Where+When→What)[223]。随着时间帧数量的增多,工作记忆的负担也会随之加重。同时,已经构建的心智地图会随着新信息的加入而受到一定程度的影响。在此情况下,用户需要不断地回访时间帧,以此来确认或回溯之前编码进入工作记忆中的信息。这种回访行为会延长任务完成的时间,并增加视场转换过程中的转换损耗。

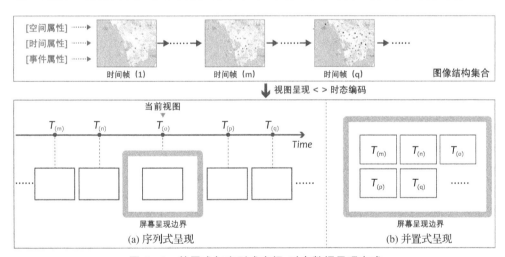

图6-1 并置式与序列式空间-时态数据呈现方式

6.1.2 层级地理数据可视化中的工作记忆

如本书第3.1.2.3和第3.1.2.4节所述,层级式的数据可采用缩放式(即结合缩放与平移交互)和"概览＋细节"(即结合概览图显示与平移交互)的方式进行呈现。两种多视图呈现方式均涉及多个视图间的联动和视图管理。对于多视图的管理，需要权衡使用多视图可视化过程中所需要消耗的认知成本与使用多视图带来的益处，并且需要追求多个视图在空间和时间资源上的合理利用。工作记忆是用户在多视图可视环境中进行视觉对比、决策与判断等任务时所依赖的认知资源。前人通过眼动追踪发现，用户在使用多窗口呈现环境时回访次数较多；而在缩放式呈现中回访次数较少，但随之产生的任务出错率较高[293]。该研究表明，用户在使用不同呈现方式时会对交互策略的认知成本、动作成本和交互操作所取得的效果进行预先评估。当回访成本较低时(例如，通过眼动扫视)，他们倾向于多次回访以对工作记忆中的对象集进行编码巩固；当回访成本较高时(例如，通过鼠标滚轮实现视图的切换或平移)，他们则更依赖于工作记忆，因此出错的概率将提高。不同于简单的视觉对比或模式匹配任务，本章侧重于研究用户对于层次化系统整体结构的认知。如图6-2所示，在四层级树状结构信息框架中，本章研究聚焦于用户对于层级内相邻信息节点之间[图6-2(A)]、层级间相邻节点之间[图6-2(B)]以及任意两个节点之间[图6-2(C)]关系的理解。这种理解需要用户在探索可视化空间的过程中，不断地建立、完善和纠正对于信息结构的内部表征。图6-2中每两个节点之间的连接都是基于"交互→编码→记忆"反应链。

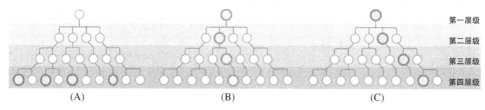

图6-2 层级式数据可视化中心智整合的三类目标

之前研究表明，在层级数据可视化中增加概览视图能够帮助用户快速定位当前所处的位置，并且辅助用户的导航。从另一方面来说，由于概览图需要占据额外的屏幕空间，以及在概览与细节视图之间存在的空间位置关系仅存在相对性，因此增加概览视图常常会延长任务的完成时间；此外，频繁地在概览与细节视图中切换将加重用户的记忆负担。已有研究针对概览图对于工作记忆负荷卸载的作用并没有得出一致的结论，本章将重点探讨当记忆负担不断递增时，概览视图对于工作记忆卸载和心智地图构建有无影响。本章实验二将对此问题作具体讨论。

6.2　视图呈现方式对心智地图构建和视场转换损耗的影响

6.2.1　研究目的

本实验基于空间-时态数据可视化,比较多视图并置式和序列式两种可视化呈现方式对于时空数据心智地图构建过程的影响,以及对可视分析过程中工作记忆绩效的影响。具体而言,本实验需要解决两个研究问题。研究问题1:不同的视图呈现方式将如何影响用户对于同一批数据集的心智地图的构建? 研究问题2:两种视图呈现方式对工作记忆卸载的影响如何? 以上述研究问题为出发点,本实验以某指控界面为实验刺激样本,分别从三个决策任务复杂度水平展开研究。

6.2.2　实验任务范式与假设

6.2.2.1　实验任务范式

一般来说,空间-时态数据/事件可以从数据或事件对象(What)、空间属性(Where)和时间属性(When)三个方面进行建模。这三个维度又可组合为第四个维度——行为(How),它是指对象在某一指定时间段内的变化趋势。在本实验中,参与者需要追踪导弹发射点数目和位置在一段时间内的变化情况。为了降低任务的整体复杂度,实验中弱化了可视化数据和实验任务中的空间属性,而引导参与者仅关注数据的对象、事件和行为三个属性维度。实验依据了本书第3.2节中归纳的多视图信息可视化空间中的决策任务体系,根据目标对象的数目(分为两个水平:单一目标和双目标集)以及需要关注的时间范围的长度(分为两个水平:某时间点和某持续的时间段)定义了三类任务,任务指示见表6-1。总体而言,在识别任务中参与者需要追踪某一个目标对象,当其出现的时候进行反馈;在比较任务中,他们需要对某一时间段内某对象的行为趋势进行比较并做出判断;在概括任务中,需要参与者对所有的时间帧和可视化对象进行总体观察,并且追踪两个目标集在全局时间内的行为趋势。第一和第二类任务属于局部任务,而第三类任务则属于全局任务。相应地,任务复杂程度从 T_1 到 T_3 依次递增。

153

表 6-1　本实验中的任务分类与任务描述

任务分类	任务解构	任务描述	示例
T_1（识别任务）	单一对象×某时间点	指出何时某事件出现	查看下列可视化视图,并指出何时 Force X 出现第一个导弹发射点
T_2（比较任务）	单一对象×某时间段	指出在某时间段内某目标的数目何时出现极值	查看下列可视化视图,并指出在 8:11 到 8:15 这段时间内何时 Force X 的导弹发射点数目达到最大值
T_3（概括任务）	双对象集×全时间段	指出在全部时间帧内两方力量何时出现任务描述中的行为特征	查看下列可视化视图,并指出在哪个时间段内 Force X 和 Force Y 的导弹发射数目相等

6.2.2.2　实验任务中的认知阶段划分

在参与者完成实验任务的过程中,第一个阶段是图形-背景分离,在此阶段中需要将前景编码从背景编码中分离出来;第二个阶段是基于格式塔心理学中的接近性原则对编码进行分组感知。在此阶段中,人们需要形成对于每一个视场中内容的初步且全局的理解,通过这种全局理解,掌握每一类视觉编码的大致分布。在对整体视场有初步感知之后就进入自上而下的视觉搜索环节。在本实验的 T_2 和 T_3 中,参与者需要对目标编码进行计数,然后将计数的数值存储至工作记忆中。当执行比较和概括任务时,被存储的数据又会被提取。图 6-3 将以上五个步骤进行了图示。

图 6-3　实验任务中的认知阶段划分示意图

6.2.2.3　研究假设

基于上述分析,针对上文中提及的两个研究问题可做出如下假设。研究假设1:随着决策任务复杂程度的递增,序列式视图呈现对于心智地图构建的促进作用将愈加凸显。研究假设2:由于眼动回访的交互成本较低,因此在并置式呈现条件中将会出现更多的回访行为以弥补工作记忆的衰减;然而在序列式呈现条件中,由于时间帧回访的交互成本较高,因此人们会更加依赖于内在的工作记忆来提取并整合各时间帧的内容,以此来完成较为复杂的决策任务。

6.2.3　实验方法

6.2.3.1　实验组块设计

本实验共有两个自变量,第一个自变量为视图呈现方式(共有两个条件:并置式呈现和序列式呈现),该变量为组间变量;第二个自变量为任务类别(共有三个水平:识别类任务 T_1,比较类任务 T_2,概括类任务 T_3),该变量为组内变量。每一个视图呈现条件下共设有十五个任务试次,每个任务共包含五个试次。在每个实验组中,相同类别的任务被分在同一个实验组块中,实验组块的顺序为被试间伪随机排布以消除顺序效应。

6.2.3.2　实验参与者

实验前通过 G* Power 3.1 对方差分析所需要的样本量进行计算,其中需要满足置信度 $\alpha = 0.05$,统计功效水平 $(1-\beta) = 0.8$ 以及效应量 $f = 0.1$(对应 Cohen 定义的小水平假定效应量)。最终得出每一个实验组中需要至少 18 位实验参与者。实验共招募了 36 位实验参与者(14 位女性,22 位男性,平均年龄为 26.37 周岁),所有参与者被随机分布在两个实验组中,每组人数均等。实验参与者均具有工业工程、计算机科学、机械工程或生物工程专业的学科背景,且具备使用桌面式或头戴式眼动仪的经历。

6.2.3.3 实验仪器

本实验采用 Tobii TX300 眼动仪采集实验参与者的眼动和行为数据。实验程序通过 Tobii Pro Lab 1.152 进行展示，所有的实验素材均通过 1 920 像素×1 080 像素的 23 英寸显示器进行呈现。实验室的光照环境同第五章的实验。实验过程中，参与者的瞳孔离显示屏的距离在 550～650 mm 之间。眼动事件的判别方法采用了 I-VT 算法，以 30(°)/s 作为注视点的判定阈值。

6.2.3.4 实验样本设计

每一个实验组块均由九个时间帧构成，每个时间帧描绘了来自四支军队的导弹发射点情况。相同军队的导弹发射点分布在相同的区域，可以"簇"的形式进行感知。每一个时间帧可视作一个独立的视场。每一个视场的左上角是时间帧的编号，同时也表示每一个时间帧对应的记录时间。

设计实验刺激时考虑了单一时间帧内的导弹发射点总数、簇的密度以及在序列呈现式实验组中每一帧的持续时间，并且控制每一个实验试次中时间帧的导弹发射点密度保持均等。其中，最少的总体发射点个数为 30，而最多的导弹发射点个数为 34。除此之外，在每一个时间帧中，每一支军队的导弹发射点数量为 7 至 12 不等。由于一些实验参与者倾向于直接地感知簇的规模，而有些则会对发射点数逐一进行计数。因此，簇中个体数量太多将会阻碍参与者对于簇中物体数量的直接感知，同时也会使得计数过程效率低下。每一个发射点的坐标是基于 https://www.arcgis.com/home 网站的真实数据并做了微调，使得同一支军队的发射点在相邻时间帧中随机分布。这样做可以消除实验参与者对于目标物体出现位置的期望，并且使得他们能够在新视场出现时主动地进行视觉搜索。

为了使得每一个簇具有较高辨识度，采用表 6-2 中列出的色相属性值对每一类簇进行色彩编码。实验前从 Munsell 色彩大全中选择了四种颜色，其中两两之间的色差值均超过 100，即超过了相反色相的感知阈值[294]。通过控制目标—干扰项之间的差异处于大致相同的水平，以此来排除视觉搜索过程中可能存在的因视觉凸显对于早期注意选择的干扰。

表 6 - 2　本实验中所用的色彩编码色相以及成对之间的色差(扫码看彩图)

色彩名称	符号	L	u'	v'		色彩#	Col_1	Col_2	Col_3	Col_4
5RP/7/10	✹	71.46	61.19	−34.26	Delta $E(\Delta E)$	Col_1				
10YR/7/10	✹	71.64	51.58	66.14		Col_2	107.87			
5G/7/10	✹	71.87	−49.90	43.57		Col_3	125.62	109.96		
10B/7/10	✹	71.44	−45.23	−56.68		Col_4	109.79	126.32	106.37	

在并置实验组中,由于屏幕空间限制,每一个时间帧中的图标符号尺寸为 $2.6° \times$ $2.6°$,然而在序列呈现实验组中,每一个符号的尺寸为 $3.0° \times 3.0°$。尽管两种符号尺寸存在微小的差异,但均能够保证符号的感知度和可辨识度,并且不会影响每一个视场中的符号密度。图 6 - 4 展示了两种实验条件下的实验刺激样本。每一个时间帧数据均通过 ArcGIS Pro © 进行可视化,实验程序通过 JavaScript 和 Hyper Text Markup Language(HTML)制作成网页形式。每一张可视化图像均以轻度灰色的地图作为背景,以减少背景图对前景符号识别的干扰。为了控制背景的视觉复杂度,在所有实验试次使用了同一张地图并对其进行水平或垂直镜像来作为背景。

两组实验条件中除了视图呈现方式不同之外,数据集和可视化表征方式均保持一致。在序列呈现条件中,通过预实验确定了将 5 s 作为每一个时间帧的持续时间。为了带来更流畅的视图转化,在时间帧之间设定了持续 0.5 s 的中速"缓进—缓出"视图切换动画。实验参与者可以通过视频下方的播放进度条对时间帧进行查看和跳过。两个实验组均未设置时间限制。

实验界面共分为两部分,其中左侧为时间帧呈现区域,右侧为任务指引和作答区域。在并置式呈现条件中,时间帧的呈现尺寸为 460 像素×230 像素;在序列式呈现条件中,时间帧的呈现尺寸为 550 像素×326 像素。待决策与判断结束后,实验参与者通过点击"Confirm"按钮进入选项界面。

6.2.3.5　实验流程

实验流程共分为四部分,分别为石原氏色盲测试、工作记忆测试、练习环节和正式实验环节,每位参与者用时 25～30 min。为了尽可能消除参与者工作记忆能力差异对本实验造成的干扰和误差,在实验前采用适应性阶梯式 N-Back 数值回忆范式对每一位招募的参与者进行工作记忆测试。该测试对正式实验素材中的场景

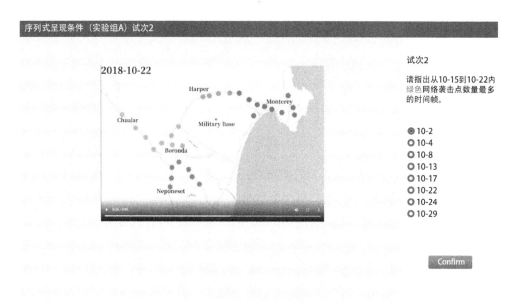

（A）序列式视图呈现条件

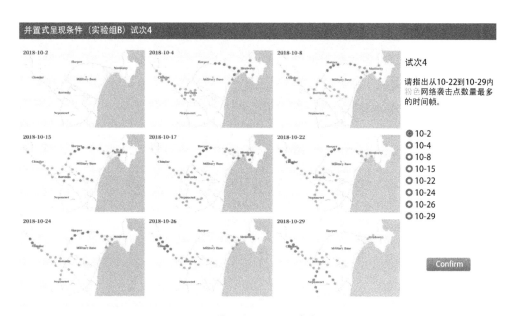

（B）并置式视图呈现条件

图 6-4 两种实验条件下的实验界面样本

与语义信息进行了抽象化处理。测试界面由黑色背景和一系列红色与白色方块构成，参与者需要对红色方块进行计数。一旦他们获得了数值，需要按下回车键进入下一个任务试次。如图 6-5 所示,第一个实验组块为 1-Back 回忆,此时实验参与者需要回忆上一个界面中红色方块的数目。随后逐渐增加短时记忆负荷,直到平均回忆准确率降低至 90%,记忆测试终止,此时参与者最终的得分将被记录。回忆指令随机分布在每个实验组块中,每个实验组块有 10 次回忆任务。36 位参与者的平均得分为 2.317(SD=0.471),其中最高得分为 3,最低得分为 2。说明所有实验参与者均能记住连续三个界面之前的数目。

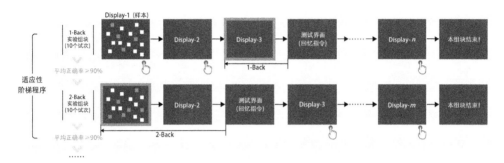

图 6-5　实验前的工作记忆测试框架及流程图

完成工作记忆测试后,实验参与者被随机分配到两个实验条件组中,并开始练习环节。在此过程中他们需要熟悉任务的特性。练习环节中的眼动数据和行为绩效数据不予记录。正式实验环节安排在练习之后,并由三个实验组块构成。在正式实验中待每一个任务试次完成后,参与者需要通过两个七级李克特量表对本试次中的信心(Confidence)和难易程度(Easiness)进行主观评分。待每一个实验组块结束后,他们需要通过两个七级李克特量表对该组块中的任务完成体验(Enjoy-ability)和可视化呈现形式对任务的支持程度(Usefulness)进行评估。三个实验组块的顺序为被试间随机,每个实验组块前均设置有眼动校准环节。整体实验流程如图 6-6 所示。

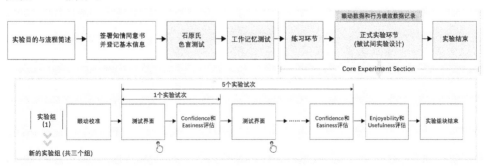

图 6-6　本实验流程示意图

6.2.3.6 实验测量变量

本实验从行为绩效、眼动数据和主观评估三个方面对实验参与者在任务完成过程中和完成后的数据进行采集。行为绩效记录了单一试次的任务完成时间和作答准确率；在眼动数据方面，通过眼动仪追踪了参与者在两个实验条件中的回访行为，并试图通过回访的次数来推测在执行任务过程中工作记忆的衰退情况。以下对每个指标的操作定义进行简要介绍：

（1）任务完成时间和准确率：在两种条件中，当参与者点击"Confirm"按钮则标志着本试次结束，但试次的起点标志则有所不同。在并置呈现条件中，任务完成时间是从测试界面刚开始呈现的时刻开始；然而在序列呈现条件中，是以参与者点击测试界面下方的播放按钮的时刻作为试次起点。准确率是指每个任务组块中，准确作答的试次占总体试次的比率。

（2）回访：是指参与者回看曾经访问过的时间帧的次数。在并置式呈现条件中，参与者通过注视回溯的方式回访时间帧，而在序列式呈现条件中，回访是通过拖拽进度条来实现的。

（3）主观评估：本实验中选取的四种主观评估维度可作为对于行为和眼动数据的补充。

6.2.3.7 数据分析方法

在每一个实验条件中，任务完成时间超过该条件下平均完成时间±3倍标准差的数据将予以剔除；同时，未记录到眼动事件的实验试次也予以剔除，剩余的数据将通过 SPSS 22.0 进行统计分析，置信区间设定为 95%。

6.2.4 数据分析结果

6.2.4.1 任务完成时间与准确率

如图 6 - 7(A)所示，在序列式呈现条件中记录到的任务完成时间显著高于并置式呈现条件。根据单变量方差分析，视图呈现方式的主效应显著[$F(1,102)=829.848$, Sig. $=0.000$, $\eta^2=0.891$]，且任务类别的主效应也同样显著[$F(2,102)=18.461$, Sig. $=0.000$, $\eta^2=0.266$]。然而，两者的交互效应却未达到显著水平

$[F(1,102)=1.678$，Sig. $=0.192$，$\eta^2=0.032]$。在序列式呈现条件中，T_1 和 T_2、T_3 的任务完成时间存在显著差异（Sig. <0.05）；在并置式呈现条件中，各任务类型两两之间的完成时间差异均达到了显著水平（Sig. <0.05）。通过 Kruskal-Wallis 秩和检验对准确率进行分析，结果表明，在 T_3 中两种呈现条件之间的差异达到了显著水平（$\chi^2=4.461$，df$=1$，Sig. $=0.035$）；在 T_1 中，两者的差异仅为边缘显著（$\chi^2=3.175$，df$=1$，Sig. $=0.07$）；然而在 T_2 中，两者之间的差异完全不显著（$\chi^2=0.235$，df$=1$，Sig. $=0.628$）。

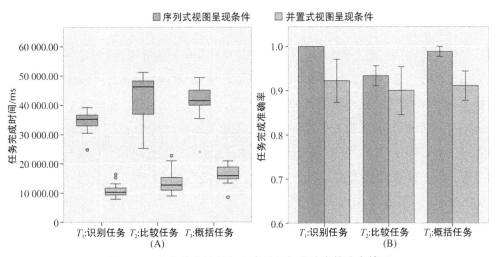

图 6-7　本实验中的任务完成时间与准确率的分布情况

6.2.4.2　回访事件出现次数

为了研究和分析参与者在使用两种视图呈现环境时的浏览策略，研究过程中仔细分析了他们的眼动轨迹特征。研究通过两个指标来描述回访行为：第一个指标是对各时间帧的访问热力图[图 6-8(A)]；第二个指标是参与者在完成任务试次的过程中所访问的时间帧数目与任务相关的时间帧总数之间的比值[图 6-8(B)]。在绘制访问热力图时，计算并依据了每一个时间帧的总访问次数与（假定）每一帧仅单次访问的比值，即 Sum(Total Visitation)/(5 Trials × 18 Participants)。

在序列呈现条件中，在完成识别任务时（T_1），参与者倾向于采用"一识别就停止"的策略。所有参与者均会从第一个时间帧开始播放，当他们识别目标后，会停

161

止视频的播放并进行答案的选择。在完成比较任务时（T_2），参与者所采用的浏览策略开始出现分化。由于 T_2 是一个需要聚焦于局部时间片段的任务，通过事后的眼动浏览轨迹查看发现，有 8 位参与者采用了快进的浏览方式，然而剩余的 10 位参与者均按照视频中的时间帧播放顺序从第一个时间片段开始查看，并且在播放过程中没有快进或跳过的行为。在概括任务（T_3）中，尽管参与者需要同时观察两支军队的导弹发射情况，14 位参与者采用了与完成识别任务相同的浏览策略，即获得答案后立即停止查看；有 2 位参与者通过快速播放的方式，仅对每一帧视图进行简要浏览；此外，还有 2 位参与者从第一帧开始依次查看至最后一帧，当视频播放结束后再进行作答。

在并置视图呈现条件中，通过与序列式呈现条件相比发现，参与者对于时间帧的回访次数更多［图 6 - 8（A）］。同时他们的视野范围会聚焦于与任务相关的时间帧上，这种浏览特征在比较任务（T_2）中尤为凸显。通过对 T_2 实验组中的眼动轨迹图进行查看得知，参与者会直接从任务指定的时间片段起点对应的时间帧开始查看。通过图 6 - 8（B）可知，在比较任务中，与并置式呈现条件相比，参与者在序列呈现条件下会查看更多的与任务不相关的时间片段（$\chi^2 = 3.354, df = 1, Sig. = 0.028$）。

	Tsp(1)	Tsp(2)	Tsp(3)	Tsp(4)	Tsp(5)	Tsp(6)	Tsp(7)	Tsp(8)	Tsp(9)
序列式视图呈现	0.989	0.989	0.989	1.000	0.989	0.600	0.400	0.011	0.000
并置式视图呈现	1.012	1.671	1.494	1.176	1.565	1.447	0.824	0.318	0.200

T_1（识别任务）

	Tsp(1)	Tsp(2)	Tsp(3)	Tsp(4)	Tsp(5)	Tsp(6)	Tsp(7)	Tsp(8)	Tsp(9)
序列式视图呈现	0.778	0.733	0.733	0.822	0.933	0.978	0.811	0.667	0.622
并置式视图呈现	0.167	0.200	0.322	0.956	1.344	1.633	1.900	2.111	1.456

T_2（比较任务）

	Tsp(1)	Tsp(2)	Tsp(3)	Tsp(4)	Tsp(5)	Tsp(6)	Tsp(7)	Tsp(8)	Tsp(9)
序列式视图呈现	1.000	1.000	1.000	1.044	1.022	0.922	0.578	0.344	0.333
并置式视图呈现	0.278	1.400	1.289	1.156	1.767	1.978	1.067	0.844	1.000

T_3（概括任务）

（A）对各时间帧的访问热力图

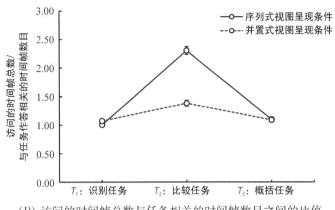

（B）访问的时间帧总数与任务相关的时间帧数目之间的比值

图 6 - 8　不同实验条件下对时间帧的访问和回访时间统计

6.2.4.3　主观评估得分结果

图 6 - 9 展示了在三种不同任务模式下，参与者对于两种视图呈现方式的主观评分结果。在 T_1（识别任务）中，对于序列式呈现条件的总体评分要高于并置式；但在 T_2（比较任务）中，参与者对于并置式呈现条件在各个评价维度的评分则更高。通过 Kruskal-Wallis 秩和检验可知，在 Easiness 和 Enjoyability 两个评价维度上，对于两种视图呈现方式的评估得分差异已达到统计显著水平（Easiness：Sig. ＝ 0.018；Enjoyability：Sig. ＝ 0.030）。在 T_2 和 T_3 的 Confidence、Easiness 和 Enjoyability 三个评价维度上，对于并置式的评估得分普遍高于序列式呈现条件。除此之外，在序列式呈现条件中，实验参与者在 T_2 任务中对于各评价维度的评分最低；在并置式呈现条件中，实验参与者在 T_3 任务中对于各评价维度的评分最低。由此说明，对于实验参与者来说，比较任务和概括任务分别是序列呈现和并置呈现两种条件下最难的任务。

6.2.5　实验讨论

通过上述分析可知，并置式和序列式视图呈现方式对不同决策任务类型的支持程度不同。总体来说，序列式视图呈现条件下的任务完成时间更长，但任务完成的准确率更高；相反地，在并置式视图呈现条件下任务完成时间更短，但准确率也较低。在并置式条件中能够观察到用户对于个别时间片段的回访率较高，但在序

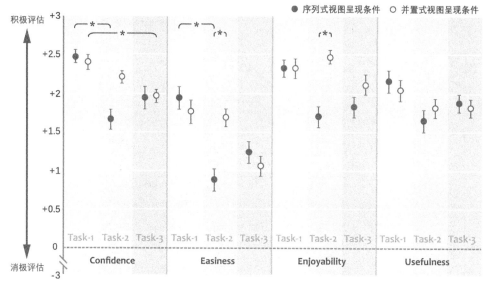

图 6 - 9　实验参与者对两种视图呈现条件的主观评估结果

注：" * "表示配对比较结果达到了统计学显著水平(Sig. ≤0.05)。

列式呈现条件中，对于每个时间帧的访问频次和访问率则更为平均。

　　在序列式呈现条件中，参与者需要移动鼠标并拖动进度条对某视图需要回访，并需要实时地观测快进/返回进程与预期目标时间帧之间的差值；而在并置式条件中，回访仅需要通过注视点的移动这种方式。相比之下，通过鼠标等操作带来的交互成本将明显增高，且这种高成本的交互动作将会随着用户的重复回访而不断累积。累积的高成本交互动作将会影响用户完成可视分析任务的绩效。因此在使用序列式呈现条件时，用户会在交互成本与加重认知负担之间做出权衡，或者说在大脑中事先做出代价评估。尽管通过拖动鼠标进行视频回放是一种有效的补偿工作记忆衰退的方法，但由于这种策略带来的交互成本高，所以用户会弃用这种外在的策略，而转向加重内在的认知负担。因此，在这种情况下，参与者对于序列式可视化视图呈现的易用性和使用体验感受的主观评分较低。

　　在并置式可视化视图呈现条件中，所有时间帧画面同时呈现，此时用户能够快速地获取对于空间-时态数据的概览。即使在任务完成过程中出现了工作记忆衰减，他们仍然倾向于通过眼动回访来弥补。同时，展现数据的全貌能够有助于用户快速地定位，但随着同屏呈现的信息量增多也必然导致信息搜索难度的增加。例如，在识别任务中，用户需要在某目标一出现的时刻就做出反馈。由于在序列式呈现条件下，视图的平滑切换能够帮助用户甄别每一帧(较上一帧)的变化之处；与此同时,当用户需要识别某种颜色编码的目标时(此时为自上而下的视觉搜索),自下而上的视觉凸显能够与自上而下的、以识别目标为导向的视觉搜索形成有效的互补,或者说前者能够成为后者的辅助。同理,在其他两类任务中,序列式呈现条件中视图之间通过"缓进—缓出"过渡既能帮助用户察觉画面中所描述的数据变化,又能帮助用户更好地感知目标集整体随时间的变化。然而在并置式呈现条件中,用户则需要通过逐帧的搜索来进行决策与判断。

在 6.2.4.2 节中提及在序列式呈现条件中,大多数用户会从第一帧逐次进行播放,这势必导致用户会浏览更多与任务目标不相关的时间帧,从而增加任务完成时间。而在并置呈现条件中,用户的视域更加聚焦于与任务相关的时间片段上,并且能够快速地在这些时间片段之间进行视觉注意焦点的切换。

6.2.6 实验总结与设计策略

通过本实验研究可以发现,序列式呈现条件能够帮助用户更好地捕获数据的变化,识别并总结数据变化的整体趋势。这种视图呈现方式能够帮助用户构建对于可视化空间的理解和对于可视对象的心智地图。但这种可视化呈现环境同时也会增加用户的工作记忆负担。相比之下,虽然在并置式呈现条件下,用户完成任务的准确率比序列式条件略低,但用户倾向于借助低交互成本的眼动回访来对工作记忆的负担进行卸载,从而使得可视化真正成为一种有效的视觉辅助工具。通过本实验研究可以得出如下设计策略。

设计策略 1:当时间因素不是决策任务中的关键因素时,可以采用序列式可视化呈现来展现数据或信息随时间的变化;当时间因素是决策任务中至关重要或是决定性因素时,则需要考虑采用多视图并置式呈现来帮助用户快速定位关键帧。

设计策略 2:在可视化设计的过程中,不仅需要考虑用户能否正确地完成任务以及花费多久的时间完成任务这两个问题,也需要考虑用户在借助可视化工具时所产生的交互成本与仅借助内在的认知机制所产生的认知负荷这两者之间的权衡。在空间-时态数据可视化中,考虑到交互动作的成本,并置式多视图呈现能够提供更有效的工作记忆卸载手段,帮助用户整合不同视场中的信息,并快速建立对于全局的理解。

6.3　概览视图对心智地图构建和视场转换损耗的影响

6.2节的实验基于空间-时态数据，探讨了序列式与并置式两种可视化视图呈现条件对于用户心智地图构建的影响。上述两个视图呈现方式是从时间维度上进行定义的，本节将基于层级地理数据可视化，从空间与结构维度上定义两种呈现方式："概览＋细节"（Overview＋Detail）呈现方式和"缩放＋平移"（Zooming＋Panning）呈现方式，并通过对比实验研究，比较两者对于用户探索层级数据过程中的可用性和易用性感知与评估的影响。

6.3.1　研究目的

在层级可缩放信息系统中，概览视图具有十分重要的作用，它将影响用户在信息空间中导航的绩效（包括用户对于空间关联的场景认知）。一般来说，对于层级信息空间有两种可视化呈现形式：第一种是将概览视图布局在细节视图的右下角区域，并永久呈现；第二种是当且仅当用户缩放至最初或最顶层时方才显示概览图，此时概览视图是暂时存在。鉴于这两种可视化呈现方式，本实验中聚焦于三个研究问题。研究问题1：当用户在层级信息空间中进行视觉探索时，概览视图是否会成为用户工作记忆卸载的工具？研究问题2：概览视图的可获得性（永久存在或暂时存在）作用是否会受模式记忆量大小的影响？研究问题3：概览视图是否会影响用户对于层次信息空间心智地图的构建？

6.3.2　实验任务范式与假设

6.3.2.1　实验任务范式

本实验采用了数字记忆范式，其中实验参与者需要通过"概览＋细节"或"缩放＋平移"可视化形式，依次对层级信息系统中包含的数字符号进行定位和记忆（图6-10）。待全部数字符号浏览完毕后，参与者需要对刚刚记忆的所有数值进行回忆和复写。在此过程中，他们需要对每一层级的视图进行查看，并对该层视图中的数字进行搜索和记忆；在对某个层级的视图搜索完毕后需要进行视图的跳转，同时在新的视图中重复之前的搜索流程。用户对内容的工作记忆将会随着频繁的视图间跳转而出现衰退，并导致视场转换损耗；除此之外，用户不仅需要对搜索得到的数值进行记忆，也要对搜索或访问的路径进行记忆。当用户不能准确记忆之前访问的路径时,将会出现多次访问同一层视图的情况。从本质上说,这种回访现象的产生源于用户对所访问的层级式信息系统的信息结构认知不完整或不准确。

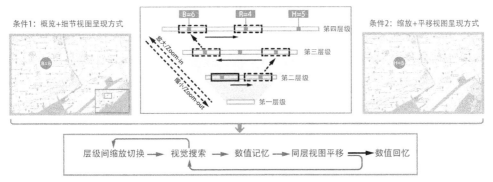

图 6 - 10　"概览十细节"和"缩放十平移"模式下的实验任务范式示意图

注:图中黑色实线框表示屏幕中展现的当前视场范围;黑色虚线框表示视场可能的移动范围(示意);实线箭头表示平移交互操作;虚线箭头表示放大交互操作。

6.3.2.2　研究假设

针对上述研究问题可以作出以下假设。研究假设 1:概览视图可以作为一种有效的工作记忆卸载工具,且相比于缩放与平移交互模式来说,用户将更倾向于使用概览图进行快速定位;研究假设 2:随着模式记忆需求的增加,概览视图对于工作记忆卸载的作用将愈加显著;研究假设 3:概览视图能更有效地帮助用户构建对于层级信息空间的心智地图,并减少用户在层级式多视图可视化中的视场转换损耗。

6.3.3　实验方法

本实验基于层级地理信息可视化案例,通过视觉信息搜索、数值记忆和视图层级探索相结合的复合任务模式,对"概览十细节"可视化和"缩放十平移"可视化两种形式下的用户交互绩效和主观体验进行记录,着重探究概览视图的可见性对于工作记忆卸载、心智地图构建以及视场转换损耗的影响。

6.3.3.1　实验组块设计

本实验采用 2×4 混合实验设计方法,共设有两个自变量。第一个自变量为视图呈现方式(共有两个条件："概览＋细节"视图呈现和"缩放＋平移"视图呈现)，该变量为被试(组)间变量；第二个自变量为模式记忆的需求(共有四个水平，记忆容量分别为 3 个、4 个、5 个和 6 个项目)，该变量为组内变量。每一个实验组中包含十二个任务试次，其中每个模式记忆需求水平下均设有三个同等但不重复的试次。所有试次的顺序均随机以消除顺序效应。

6.3.3.2　实验参与者与实验设备

实验前通过 G^* Power 3.1 对本实验所需的样本量进行计算，其中需要满足置信度 $\alpha=0.05$，统计功效水平 $(1-\beta)=0.8$ 以及效应量 $f=0.25$(对应 Cohen 定义的中等水平假定效应量)，最终得出每一个实验组中至少需要 15 位实验参与者。本实验共招募 32 位实验参与者(7 位女性，25 位男性，平均年龄为 23.13 周岁，$SD=2.67$)，所有参与者被随机分布在两个实验组中，每组人数均等。实验参与者均具有工学、理学的学习背景(至少 2 年)，且均具备电子地图的使用经验。在实验前所有参与者均自愿签署了知情同意书。

本实验未采用任何外接设备，实验程序通过 1 920 像素×1 080 像素的戴尔 23 英寸显示器进行呈现。在实验中采用 Free Recording 软件对参与者实验过程中的交互动作进行记录。实验室的光照环境同前文实验。实验过程中，参与者的瞳孔距离显示屏的距离在 550～650 毫米之间，实验程序通过 Unity 编写，参与者的交互数据也通过 JavaScript 代码实现在线记录。

6.3.3.3　实验样本设计

在制作实验样本时，通过 Global Mapper 22.0 中对国内某地级市的卫星地图进行裁切。在裁切过程中选择了卫星高度 1 m、4 m、10 m 和 20 m 作为四个视图层级的视角高度，视角高度值越大则图像越小，反之则图像内容被放大得越清晰。因此，20 m 视角高度下截取的图像作为可视化空间的第一层级视图，即概览层；同理，10 m、4 m、1 m 的视角高度依次作为可视化空间的第二、第三和第四层级视图。所裁取的图像作为实验素材的背景，为了避免背景图像中某些区域色彩的凸显性对空间导航造成干扰，后期通过 Photoshop 软件对截取的图像进行去色处理。因此，实验中所有背景图像均为灰阶图像。

实验中采用"字母＝数字"的形式对实验刺激中的前景信息进行编码。在每一个模式记忆需求水平中,随机选取了对应数目的大写字母,并从 1～9 中随机选择相应数目的阿拉伯数字将其与大写字母进行匹配。例如,在记忆需求为 3 的水平中,随机选取了 B、Q、R 三个字母,以及 4、3、8 三个数字,最终生成三个等式关系——"B=4","Q=3"和"R=8"。值得注意的是,在匹配字母与数字时,避免了字母在字母列表中的顺序与数字相同的情况。

每个试次均包含四个层级的视图。在前三个视图中仅显示蓝色圆点,当参与者将鼠标悬停在该蓝色点附近时,会出现"＋/－"符号[图 6-11(A)]。"＋"示意放大至下一层,"－"示意返回上一层。直至放大至第四层时,蓝色圆点中才会出现上述的"字母=数字"等式关系。不同层级间的视场切换通过"＋/－"响应式按钮进行控制,而同层级的视场转换则通过拖动鼠标实现平移。在"概览＋细节"呈现条件中,为了保证参与者能够轻松地在概览视图中进行快速导航,将概览视图的尺寸设置为细节视图的 $1/16^{[295]}$。概览视图中会呈现若干个蓝色点,实验参与者可通过点击这些蓝色点快速地对取景器[图 6-11(A)]进行定位,随后细节视图中的内容也会切换至取景器定位的视场。实验测试界面的样式如图 6-11(B)所示。

6.3.3.4　实验流程

每位参与者将通过 3 个练习试次进一步了解实验任务与可视化环境,待练习结束且每位参与者对实验理解无任何疑问后进入正式实验环节。正式实验中有十二个任务试次,其中四种模式记忆需求水平的试次随机分布。在"概览＋细节"可视化条件中,参与者可通过概览图中蓝色点的数量获取本试次需要记忆的项目数量;在"缩放＋平移"可视化条件中,参与者可通过初始层级中的蓝色圆点的数量获悉本试次总共需要记忆的项目数量。未设定任何时间限制,待参与者结束每试次的任务后,点击"进入作答界面"按钮进入答案复写环节,提交答案之后便进入下一试次。在实验中参与者被告知对于复写环节中出现的之前没有见过的字母(由于参与者没有搜索到该字母),一律按照空缺值处理;对于之前出现过但未记住的字母,应尽可能回忆;若回忆不起,可任意填写数字以示区别。图 6-12 展示了本实验的基本流程。

在第六个试次结束后,每位参与者会有一段时间的休息,休息时间自由控制。待所有任务试次完成后,参与者将完成 NASA-TLX 量表,通过 20 级量表对参与者借助可视化平台完成实验任务过程中的脑力需求、体力需求、时间需求、绩效和挫败感进行主观评估。

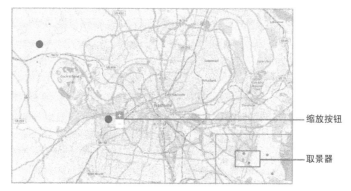

（A）"概览＋细节"可视化形式中的交互控件

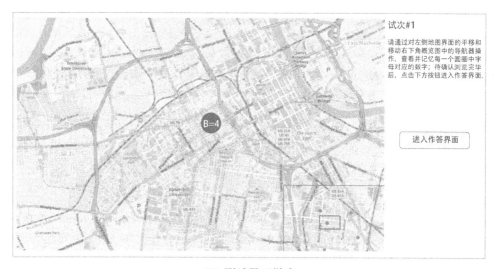

（B）测试界面样式

图 6－11　实验界面中的细节设计与实验测试界面整体样式(扫码看彩图)

注：在"缩放＋平移"可视化呈现形式中，缩放按钮的样式同图6－11(A)。

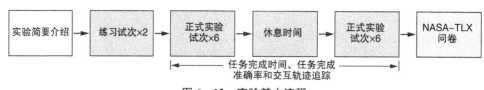

图 6－12　实验基本流程

6.3.3.5　实验测量变量

在实验过程中将记录参与者完成每一个正式实验试次的时间、作答准确率和在实验刺激界面中点击鼠标的总体次数(此处将记录总数减去 1，即除去用户点击

170

"进入作答界面"的次数）。在"概览＋细节"实验组中，需要记录用户在概览视图中的点击次数；在"缩放＋平移"实验组中，需记录用户对每一层级视图的访问次数。之前学者对于网站可用性的研究表明，鼠标点击的轨迹能够有效揭示用户的兴趣区域[296]；同时，鼠标的点击路径也能够反映用户的眼动浏览轨迹[297,298]。更重要的是，鼠标点击次数能够作为衡量工作负荷的指标[299]。因此，在本实验中不仅将记录鼠标的点击位置，也会记录鼠标的点击总次数。此处提出了"点击效率"（Click Gain）的概念。该概念是指通过鼠标点击行为获得新信息的效率。一般来说，当实现视场跳转后，用户将获得新的信息或对工作记忆中"旧"信息予以补偿；当用户在同一层级的视图内平移时，可将该过程中的点击行为视为用户对信息空间的探索。因此在计算该指标时，将参与者访问各层级视图次数的总和与鼠标点击总数的比值作为该指标的操作定义。

6.3.3.6　数据分析方法

在数据分析之前将排除实验测量变量值超过所在实验条件平均值±2倍标准差之外的数据。此处并未仅保留正确作答的实验试次，是因为本实验更聚焦于对于实验完成过程的观察。具体来说，研究者需细致观察参与者在每种实验条件下所产生的交互轨迹。最终作答结果仅反映其记忆提取和复写过程中的失误，在作答之前所经历的认知流程则是本实验研究所聚焦的对象。从一方面来说，过程的观察有助于研究者分析用户对于不同可视化工具的依赖程度；从另一方面来说，即使作答错误的试次也能从一定程度上反映参与者对层次信息空间心智地图的构建情况。以下所有统计分析的置信区间均设定为95％。

6.3.4　数据分析结果

6.3.4.1　任务完成时间与作答准确率

不同实验条件下的任务完成时间（RT）和作答准确率（ACC）见图6－13（A）。随着模式记忆需求量的增加，在两种可视化条件中均呈现出任务完成时间增加且作答准确率降低的趋势。其中，"概览＋细节"可视化条件下参与者完成任务所需要的时间要少于"缩放＋平移"条件。由多变量方差分析可知，可视化呈现方式、模式记忆需求量对于任务完成时间的主效应均显著[$F_{(1,116)}=173.375$, Sig. $=0.000$, $\eta^2=0.599$; $F_{(3,116)}=77.679$, Sig. $=0.000$, $\eta^2=0.668$]，且两者交互效应也达到了统计学显著水平[$F(3,116)=14.670$, Sig. $=0.000$, $\eta^2=0.275$]。简单效应分析结果也支持了最初的观察,即在每个模式记忆需求量水平中,"概览+细节"可视化中的任务完成时间显著少于"缩放+平移"可视化条件(Sig. <0.05)。此外,除了在"概览+细节"条件中模式记忆容量为 3 和 4 个项目的任务完成时间的差异仅达到了边缘显著水平之外($\Delta=15.637$, Sig. $=0.067<0.1$),其余两两之间的成对比较均达到了显著水平(Sig. <0.05)。

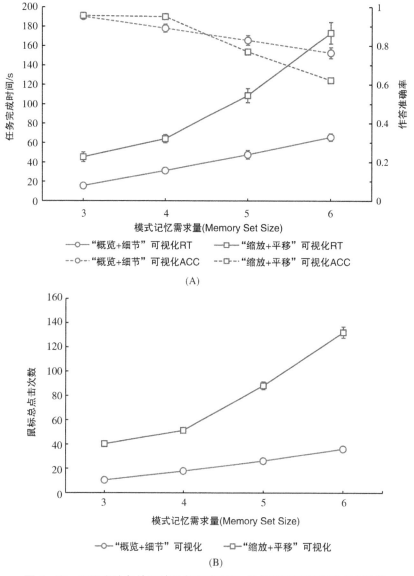

图 6-13　不同实验条件下的任务完成时间、作答准确率与鼠标点击次数

随着模式记忆需求量的增加,作答准确率均下降[图 6 - 13(A)]。通过 Kruskal-Wallis 秩和检验得知,模式记忆需求量对于"概览+细节"可视化条件中作答准确率的主效应仅达到了边缘显著水平($\chi^2 = 7.158, df = 3, Sig. = 0.067$),然而该主效应在"缩放+平移"条件中则达到了显著水平($\chi^2 = 36.794, df = 3, Sig. = 0.000$)。通过 Mann-Whitney U 检验可知,在模式记忆水平为 3、4、5 的实验条件下,两种可视化条件所产生的作答正确率并没有显著差异($Sig. > 0.05$);在模式记忆水平为 6 的条件中,两者之间的差异显著[$z = -2.069, Sig._{(Two tails)} = 0.039$]。

6.3.4.2　鼠标点击总数

如图 6 - 13(B)所示,鼠标点击总次数与任务完成时间呈现相同的变化趋势。总体而言,"缩放+平移"可视化条件中产生的鼠标点击次数更多。通过多变量方差分析可得,可视化呈现方式、模式记忆需求量对于任务完成时间的主效应均显著[$F(1,116) = 160.875, Sig. = 0.000, \eta^2 = 0.581; F(3,116) = 36.618, Sig. = 0.000, \eta^2 = 0.486$],且两者交互效应也达到了统计学上的显著水平[$F(3,116) = 12.709, Sig. = 0.000, \eta^2 = 0.247$]。通过简单效应分析可知,在"概览+细节"可视化条件中,除记忆需求量为 3 和 4 这两个水平下产生的鼠标点击数与记忆需求量为 6 时产生的鼠标点击数存在显著差异之外[$\Delta_{(3 vs. 6)} = -42.841, Sig. = 0.004; \Delta_{(4 vs. 6)} = -35.580, Sig. = 0.035$],其余成对比较均未达到显著水平。然而,在"缩放+平移"可视化条件中,除了模式记忆量为 3 和 4 这两个水平之间的差异未达到显著水平之外($\Delta = -29.094, Sig. = 0.206 > 0.1$),其余两两间差异均显著($Sig. < 0.05$)。同时,相关性检验显示,鼠标点击次数与任务完成时间这两个测量变量之间存在显著相关性($r = 0.915$, two-tailed $Sig. = 0.000$)。

6.3.4.3　对概览图的点击或访问次数

图 6 - 14 展示了在两种可视化实验条件下参与者对于概览视图的使用情况。其中在"缩放+平移"条件中,将第一层视图定义为概览视图,通过用户对于该视图的点击来反映对此的访问情况。当概览图一直呈现在屏幕右下方时,用户对概览图的操作远高于缩放条件。通过多因素方差分析可知,可视化条件和模式记忆需求量对于概览图访问次数的主效应均显著[$F(1,116) = 155.187, Sig. = 0.000; F(3,116) = 44.923, Sig. = 0.000$],且两者交互效应也达到了显著水平[$F(3,116) = 12.301, Sig. = 0.000$]。通过简单效应分析可知,在"概览+细节"条件中,对于概

览视图的操作次数在不同模式记忆需求水平之间达到了显著水平（Sig.＜0.05）；然而在"缩放＋平移"条件中，仅在最高水平的模式记忆需求下，用户回到顶层视图的次数与其他三个条件之间的差异达到了显著水平（Sig.＜0.05）。当模式记忆需求量为3时，两个条件下产生的概览图操作或访问次数差异仅达到了统计意义上的边缘显著水平（$\Delta=3.591$，Sig.＝0.051）；然而在其他三个水平中，两者差异均显著（Sig.＜0.05）。

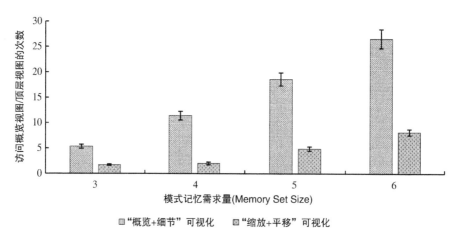

图6-14　两种可视化视图呈现条件中对概览图区域的点击或访问次数

6.3.4.4　"缩放＋平移"实验组中对每一层级视图访问次数

由图6-15可知，在"缩放＋平移"实验条件中，随着模式记忆需求量的增加，用户对于每一层级视图的访问次数也随之递增。其中，对于第二和第三层级的访问次数均高于顶层（概览层）和第四层级视图。单变量方差分析结果显示，模式记忆需求量和层级序号对于不同层级视图的访问次数的主效应均显著（Sig.＝0.000），且两者交互效应亦显著[$F(3,224)=4.115$，Sig.＝0.000，$\eta^2=0.142$]。简单效应分析结果表明，当记忆需求量为3时，除了第二和第三、第二和第四层级视图的回访次数之间的差异未达到显著水平外[$\Delta_{(2\text{ vs. }3)}=-1.744$，Sig.＝0.112；$\Delta_{(2\text{ vs. }4)}=1.433$，Sig.＝0.191]，其余成对比较均存在显著差异；当记忆需求量为4时，除了第二、四层级的回访次数之间的差异未达到显著水平外（$\Delta=0.800$，Sig.＝0.465），其余成对比较均存在显著差异；当记忆需求量为5时，所有成对差异均达到了显著水平；当记忆需求量为6时，除了顶层与第四层级视图的回访次数差异达

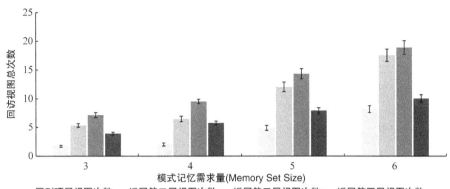

图 6-15　"缩放＋平移"实验条件中对不同层级视图的访问次数

到了边缘显著水平（$\Delta=-1.978$，Sig. $=0.072$），以及第二、三层级视图的回访次数差异不显著（$\Delta=-1.422$，Sig. $=0.195$）之外，其他成对差异均达到显著水平。

6.3.4.5　鼠标点击效率

图 6-16 描述了在两种可视化视图呈现条件下随着模式记忆需求量的增加，用户点击效率的变化趋势。在"概览＋细节"可视化中，随着模式记忆需求量的增加，点击效率逐渐增加；但在"缩放＋平移"可视化条件中，点击效率略有下降趋势，但基本持平。通过多因素方差分析可知，可视化条件和模式记忆需求量对于鼠标点击效率的主效应均达到了显著水平[$F(1,116)=36.598$，Sig. $=0.000$，$\eta^2=0.240$；$F(3,116)=4.115$，Sig. $=0.027$，$\eta^2=0.076$]，且两者交互效应也显著[$F(3,116)=7.651$，Sig. $=0.000$，$\eta^2=0.165$]。通过简单效应分析可得，当模式记忆水平为 3 时，两种视图呈现条件下的点击效率之间并不存在显著差异（$\Delta=-0.024$，Sig. $=0.610$），但在其他三个水平中，两者之间差异均显著（Sig. <0.05）。在"缩放＋平移"可视化中，相邻模式记忆需求量水平两两之间的鼠标点击效率差异均不显著（Sig. >0.05）；然而在"概览＋细节"条件中，记忆需求量为 3、4、5 这三个水平（相邻）之间的差异均达到了统计意义上的显著或边缘显著水平[$\Delta_{(3\,vs.\,4)}=-0.118$，Sig. $=0.011$；$\Delta_{(4\,vs.\,5)}=-0.083$，Sig. $=0.070$]，记忆需求量为 5 和 6 这两个水平之间未见显著差异（$\Delta=-0.035$，Sig. $=0.442$）。

6.3.4.6　主观评估得分结果

图 6-17 展示了实验参与者对两组可视化呈现条件的主观评分，其中除了绩

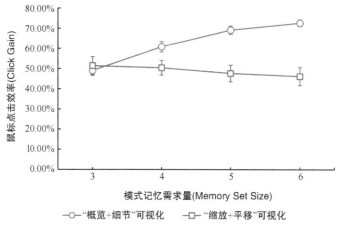

图 6-16　两种可视化条件下的鼠标点击效率

效评估维度之外，在其余的四个维度中，得分越高表示参与者的负面评估越明显。在体力需求和时间需求这两个维度中，参与者对于"概览＋细节"可视化的评估得分较低。然而，在脑力需求和挫败感两个指标上，参与者对其评分则稍高。在绩效评估维度中，对于"概览＋细节"的评估得分优于"缩放＋平移"条件。通过单因素方差分析得知，纵然在上述五个维度中，参与者对两者之间的总体评估值存在差异，但两两之间的差异值均未达到统计学显著水平（Sig. ＞0.05）。但从图中仍能看出用户所主观感知到的两种视图形式对决策任务的支持程度。

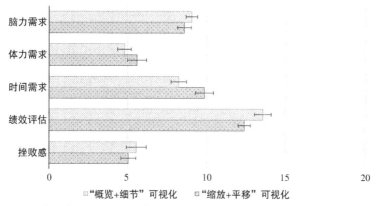

图 6-17　参与者对"概览＋细节"和"缩放＋平移"两种实验条件的主观评估结果

6.3.5　实验讨论

通过本实验研究可知,"概览＋细节"这种可视化视图呈现方式相较于"缩放＋平移"方式而言具有较为明显的优势。尽管在前人研究中,概览视图的作用被质疑和挑战,但本实验从心智地图构建、工作记忆的存储和工作负荷等角度共同验证了概览视图存在的优势。

首先,本实验任务融合了层级间和层级内的视图浏览、视觉搜索和数值记忆三个子任务。为了完成实验任务,用户不仅需要对"字母＝数字"等式关系进行精确记忆,同时需要记住在层级信息空间中,哪些目标点已经被访问过,以及哪些目标点尚未被访问。其次,在完成任务过程中,用户需要频繁地进行视场的转换。根据本书第四、五章实验中的研究结论,视场转换的过程将会产生视场转换损耗,用户在新的视场中需要消耗额外的认知资源进行注意控制与管理,此时工作记忆中存储的内容将会受到干扰。因此,从理论上说,在对层级信息空间进行可视化设计时,应尽可能保证用户所经历的视场切换或跳转的次数减少。

在"概览＋细节"可视化条件中,鼠标点击次数明显少于"缩放＋平移"条件,且前者条件下的鼠标点击效率显著高于后者。由于鼠标点击次数与工作负荷之间存在正相关关系,由此可推断,当界面中一直存在概览图时,用户的工作负荷水平将降低。通过对参与者在"概览＋细节"条件中鼠标点击效率和对于概览图的操作次数进行统计可以发现,用户倾向于通过"粗定位→精定位"两步骤的定位策略对所有点的内容进行浏览与查看。首先,他们会移动概览图中的取景器先进行粗略定位,随后在细节视图中,通过平移视图的方式对目标点的内容进行查看。当浏览完毕后,他们会重复该定位策略,对其他点进行依次浏览。然而在"缩放＋平移"可视化中,用户的点击行为通常服务于两个目标——其一是回到上一层视图或跳转至下一层视图,此处将其归纳为层级间浏览;其二是在层级内进行平移。由鼠标点击效率和回访每一层级视图的次数可以推测,当界面中不存在概览图时,用户会通过大量的平移操作,对同层级的视场进行浏览。当经过数次平移操作后,他们会通过能定位到的最近的目标点(即为地标)进行跳转或返回。平移操作从很大程度上增加了用户在信息空间中迷航的可能性[300]。此处可以将用户返回至第三、第二和顶层视图的行为视为一种空间重定向的过程。当他们发现自己可能出现迷航时,会通过重定向重新定位自己在信息空间中的位置。通过反复的视场切换来构建大脑中对于空间中所有点之间的位置关系。

值得注意的是，在此过程中，用户往往会选择回访第二和第三层视图，却对顶层视图的回访较少。可以推测用户在回访和试图进行空间重定向时，会估计此过程产生的交互成本。当交互成本较高时，人们往往会采取这种策略——通过后退一至两个层级，并通过平移的操作来完成空间重定向。相比之下，在"概览＋细节"可视化中，由于概览图的位置和可见性保持不变，因此，用户可以轻松地借助其完成空间重定向。换言之，可以将概览图视为一种空间重定向的工具，它能够帮助用户清晰地认知其所在的空间中所有目标的位置关系，从而减少视场转换的次数。此外，通过概览图中的空间位置编码，用户也能清晰地辨识曾经访问过的目标点和尚未访达的目标点，从而达到工作记忆卸载的目的。

随着模式记忆需求量的增加，在"缩放＋平移"可视化中，用户对于空间重定向的需求更高。反过来可以认为，随着记忆负荷的增加，用户越来越容易感到迷失，因此他们需要寻找地标对空间位置进行重新标定。总体来说，通过宏观的行为指标，如任务完成时间和任务作答准确率这两个指标也能够看出，在"概览＋细节"可视化条件中，用户对于空间的探索和定位能力更强，获取信息的效率更高。在此背后则是一个更为高效、完整的空间心智地图在支撑着用户的任务执行与决策。同时，概览视图可以作为一种有效的空间标定和工作记忆卸载的手段，通过可见的方式将用户所见变为所得。

6.3.6 实验总结与设计策略

通过本实验研究可以得出，保持概览图的永久可获得性可作为一种工作记忆卸载手段。概览图能够帮助用户快速定位、快速回忆历史访问路径，并且能够通过"所见即所得"的方式快速地让用户了解自己当前位置在整个空间中的方位，以及自己当前位置与曾经访达位置、即将到达目的之间的关系，从而使他们能更明确地回答"我在哪里？""我从哪里来？"以及"我要到哪里去？"这三个问题。这三个问题也是用户出现迷航现象的症结所在。因此，在层级数据可视化中，保持概览图可见性策略将是减轻用户工作记忆负荷、降低视场转换过程中心智地图构建难度的有效途径。

换一个可视化场景去思考，当用户在文献检索网站中针对某两个关键词进行文献检索时，网站会提供包含这两个关键词的所有文献的列表。通过搜索列表式的信息可以清晰地获取每一条检索结果的详细信息。此处可以将其定义为"点"信息。在检索时会通过阅读大量文献梳理出该关键词下文献之间的关系,即建立该关键词"宫殿"基本骨架——例如,哪些文献的被引次数最高、哪些文献之间共频的关键词最多等。此过程无疑将消耗用户大量的记忆资源。当界面中可以提供给用户检索关键词的检索图谱,把列表式呈现转变为概览图形式,并允许用户在概览图中对检索结果实施递进式探索,这势必会加深用户对于信息之间关联性的理解,并促进更高效和精准的信息搜寻。

本章小结

本章选取了空间-时态数据和地理层次化数据这两种数据形态,对比了序列式和并置式多视图呈现、"概览+细节"和"缩放+平移"层级视图呈现环境下用户进行目标定位、信息检索与比较、工作记忆的任务绩效和用户的交互策略,并从心智地图构建的角度对视场转换损耗的影响机制进行了分析与研究。研究表明,序列式呈现条件能够帮助用户更敏锐地捕获数据的变化,但它同时也会增加用户的工作记忆负担;相比之下,并置式呈现允许用户通过低交互成本的眼动回访来补偿工作记忆的衰减,是一种卸载工作记忆负担的有效视觉辅助手段,同时该呈现方法提供了对于数据的概览。通过第二个实验研究可得,保持概览视图的可见性和可获得性能够帮助用户进行空间重定向,削减心智地图构建过程中对工作记忆造成的负担,并降低用户迷航的可能性,在调节视场转换损耗的同时提升了整体的用户体验和交互绩效。

7

第七章　总结与展望

7.1 本书工作总结

伴随着大数据和智能化时代的到来，人类与计算机的交互方式愈加沉浸化和多样化。随着信息体量和维度的增加，以及信息结构多样性和复杂性的递增，多视图可视化的显示方式能够从很大程度上平衡可视化界面中的信息密度和有序度，但同时也使得用户面临注意管理和心智整合方面的挑战。鉴于此，本书针对多视图信息可视化呈现环境中存在的视场转换损耗问题，综合运用了人因工程学、实验心理学、计算机科学和数据可视化学科的研究范式与方法，通过实验研究方法得出了一系列多视图信息可视化空间的设计策略。研究具体工作如下：

（1）以广义的决策为切入点，对不同学科中的决策相关研究进行了系统性的评述，重点列举并归纳了人因工程学、信息可视化设计中以"决策"为关键词展开的研究成果；从空间视角对信息可视化中的空间要素、人因要素和设计要素三个方面的国内外相关研究进行全面梳理和论述。

（2）基于概念隐喻理论，从对象属性、行为属性、认知属性和主观心理体验四个层面剖析了实体空间和信息可视化空间中的存在要素，建立了两类空间之间的映射关系，强化了对于信息可视化的空间属性定义，并据此提出了信息可视化空间中的要素层次模型。

（3）研究并分析了多视图信息可视化空间中的视图呈现特征、决策任务特征和人的认知特征，构建了时间-空间-语义/结构接近性立方体；针对多视图信息可视化中的决策任务特征提出了决策任务分层体系；建立了人与多视图信息可视化空间交互认知概念模型。

（4）提出了视场转换损耗概念，从概念定义、表现形式、产生机理和影响因素四个方面对视场转换损耗的概念体系进行了梳理与构建，定义了视场转换过程中存在的注意管理和心智地图构建两个核心认知要素；通过构建"听觉辨识—目标计数"双任务环境，验证了多视图可视化空间中视场转换损耗的存在，并建立了注意资源管理功能阶段划分概念模型。

（5）基于多视图并置式和序列式呈现可视化环境，以色彩编码为研究对象，通过双任务实验范式验证了色彩编码对于视场转换中注意管理的促进作用，从设计学角度提出了影响注意管理和降低视场转换损耗的设计策略。

（6）基于空间-时态数据和地理层次化数据可视化环境，以视图呈现方式为研究对象，从心智地图构建的角度对视场转换损耗的表征和影响机制进行了分析与研究。通过对比实验研究，提出了不同类型多视图信息可视化呈现方式的适用任务情境以及相应的设计策略。

通过上述工作，本书研究取得了如下创新性的成果：

（1）首次从多视图信息可视化中的空间特性展开，提出了信息可视化空间中的要素层次模型、决策任务分层体系，以及建立人与多视图信息可视化空间交互认知概念模型。

（2）从多视图信息可视化中认知流程、注意管理和心智地图构建核心认知要素出发，首次提出了信息可视化空间中的视场转换损耗的概念，分析了视场转换损耗的表现形式、产生机理和影响因素，最终建立了视场转换损耗概念体系的基本框架。

（3）构建了"听觉辨识—目标计数"双任务环境，验证了多视图可视化空间中视场转换损耗的存在，分析了视觉线索以及工作记忆卸载对视场转换损耗的影响，定量比较了不同信息密度、不同视图呈现方式和信息编码方式条件下产生的视场转换损耗。

（4）基于理论分析和实验研究结果，从减少视场转换损耗的角度提出了相应的人机交互信息可视化界面的设计策略，为未来面向复杂信息结构的信息可视化设计提供了参考。

7.2 研究展望

本书针对二维多视图信息可视化空间中的视场转换损耗问题展开了研究，从验证到量化取得了阶段性的研究进展；并以视场转换损耗作为用户在信息可视化空间中的迷失程度的表征。后续研究可以基于本课题的研究思路、方法和结论，从以下三个方面展开：

（1）从二维可视化到虚拟现实可视化的拓展。在虚拟现实环境中，场景的切换更容易让用户产生迷失和眩晕感，同时切换至新的场景后，用户往往需要消耗更多的时间和精力对新的空间场景进行适应和重定向。因此，后续研究可以此为出发点，探究在虚拟现实环境下，用户面对场景转换时的认知与反应状态，进一步探索如何将这种空间重定向过程对用户的影响最小化。

（2）对注意重定向和视场转换损耗的认知机理进行深入研究。本书主要通过行为反应、眼动轨迹和交互路径记录三个方面对视场转换损耗进行了分析研究。总体来说，囿于研究设备和分析手段，即使本课题运用了眼动追踪技术，但选取的眼动测量指标仍然较为粗糙（以注视点为单位）。后续的研究可以采用更为精确和实时的方法，捕捉视图或场景切换后较短时间内的用户眼、脑活动特征，并以此为基础建立适应性的调控视场转换损耗的可视化平台。

（3）多感知模态下的转换损耗量化研究。本课题中的视图转换损耗聚焦于视觉呈现图像到视觉呈现图像的转换。随着多模态交互技术的发展，后续研究可以进一步探究视觉到听觉模态的转换，或者视觉转换至其他感知模态时产生的模态转换损耗。

参考文献

[1] Boisot M. Information Space (RLE: Organizations)[M]. London: Routledge, 1995: 25 – 54.

[2] Bush V. As We May Think[J]. The Atlantic Monthly, 1945, 176(1): 101 – 108.

[3] Van Dyke Parunak H. Hypermedia Topologies and User Navigation[C]// Proceedings of the Second Annual ACM Conference on Hypertext. New York: Association for Computing Machinery, 1989: 43 – 50.

[4] Foltz M A. The JAIR Information Space[R]. Artificial Intelligence Laboratory-MIT (Internal Report), 1997.

[5] Benyon D, Höök K. Navigation in Information Spaces: supporting the individual[G]//Human-Computer Interaction INTERACT' 97. MA: Boston, 1997: 39 – 46.

[6] Roth E, Malin J, Schreckenghost D. Paradigms for Intelligent Interface Design[G]//Handbook of Human-Computer Interaction. Amsterdam: North Holland, 1997: 1177 – 1201.

[7] Roth G, Schulte A, Schmitt F, et al. Transparency for a Workload-Adaptive Cognitive Agent in a Manned – Unmanned Teaming Application[J]. IEEE Transactions on Human-Machine Systems, 2020, 50(3): 225 – 233.

[8] Stowers K, Kasdaglis N, Rupp M A, et al. The IMPACT of Agent Transparency on Human Performance[J]. IEEE Transactions on Human-Machine Systems, 2020, 50(3): 245 – 253.

[9] Sato Y, Stapleton G, Jamnik M, et al. Human Inference Beyond Syllogisms: an approach using external graphical representations[J]. Cognitive Processing, 2019, 20(1): 103 – 115.

[10] Okan Y, Stone E R, Bruine de Bruin W. Designing Graphs that Promote

Both Risk Understanding and Behavior Change[J]. Risk Analysis，2018，38(5)：929－946.

[11] Géryk J. Visual Analytics of Educational Time-dependent Data Using Interactive Dynamic Visualization[J]. Expert Systems，2017，34(1)：e12175.

[12] Benyon D. The New HCI？ Navigation of Information Space[J]. Knowledge-Based Systems，2001，14(8)：425－430.

[13] Dieberger A，Frank A U. A City Metaphor to Support Navigation in Complex Information Spaces[J]. Journal of Visual Languages and Computing，1998，9(6)：597－622.

[14] Wertheimer M. A Contemporary Perspective on the Psychology of Productive Thinking[C]//Annual Meeting of the American Psychological Association(104th). Ontario：Toronto，1996：1－48.

[15] Ransom S，Wu X，Schmidt H. Disorientation and Cognitive Overhead in Hypertext Systems [J]. International Journal on Artificial Intelligence Tools，1997，6(2)：227－253.

[16] McDonald S，Stevenson R J. Navigation in Hyperspace：an evaluation of the effects of navigational tools and subject matter expertise on browsing and information retrieval in hypertext[J]. Interacting with Computers，1998，10(2)：129－142.

[17] Fekete J-D. Advanced Interaction for Information Visualization[C]//2010 IEEE Pacific Visualization Symposium. Taipei，2010：9－13.

[18] Valuch C，Ansorge U. The Influence of Color During Continuity Cuts in Edited Movies：an eye-tracking study[J]. Multimedia Tools and Applications，2015，74(22)：10161－10176.

[19] Swenberg T，Eriksson P E. Effects of Continuity or Discontinuity in Actual Film Editing[J]. Empirical Studies of the Arts，2018，36(2)：222－246.

[20] Cutting J E. Sequences in Popular Cinema Generate Inconsistent Event Segmentation[J]. Attention，Perception & Psychophysics，2019，81(6)：2014－2025.

[21] Seywerth R，Vaiuch C，Ansorge U. Human Eye Movements after Viewpoint Shifts in Edited Dynamic Scenes are under Cognitive Control[J]. Advances in Cognitive Psychology，2017，13(2)：128－139.

[22] Neider M B, Zelinsky G J. Cutting through the Clutter: searching for targets in evolving complex scenes[J]. Journal of Vision, 2011, 11(14): 1 – 16.

[23] Diederich A. Decision Making under Conflict: decision time as a measure of conflict strength[J]. Psychonomic Bulletin & Review, 2003, 10(1): 167 – 176.

[24] Oliveira A. A Discussion of Rational and Psychological Decision-making Theories and Models: the search for a cultural-ethical decision-making model[J]. Electronic Journal of Business Ethics and Organization Studies, 2007, 12(2): 12 – 13.

[25] Stein J G, Welch D A. Rational and Psychological Approaches to the Study of International Conflict: comparative strengths and weaknesses[J]. Decisionmaking on War and Peace: the cognitive-rational debate, 1997: 51 – 80.

[26] Klein G. Sources of Error in Naturalistic Decision Making Tasks[J]. Proceedings of the Human Factors and Ergonomics Society Annual Meeting, 1993, 37(4): 368 – 371.

[27] Klein G. Reflections on Applications of Naturalistic Decision Making[J]. Journal of Occupational and Organizational Psychology, 2015, 88(2): 382 – 386.

[28] Strauch B. Decision Errors and Accidents: Applying Naturalistic Decision Making to Accident Investigations[J]. Journal of Cognitive Engineering and Decision Making, 2016, 10(3): 281 – 290.

[29] Falzer P R. Naturalistic Decision Making and the Practice of Health Care [J]. Journal of Cognitive Engineering and Decision Making, 2018, 12(3): 178 – 193.

[30] Nibbelink C W, Reed P G. Deriving the Practice-Primed Decision Model from a Naturalistic Decision-Making Perspective for Acute Care Nursing Research[J]. Applied Nursing Research, 2019, 46: 20.

[31] Greitzer F L, Podmore R, Robinson M, et al. Naturalistic Decision Making for Power System Operators[J]. International Journal of Human-Computer Interaction, 2010, 26(2 – 3): 278 – 291.

[32] Feng Y, Shi W, Cheng G, et al. Benchmarking Framework for Command and Control Mission Planning under Uncertain Environment[J]. Soft Com-

puting，2020，24(4)：2463 – 2478.

[33] Cattermole V T，Horberry T，Hassall M. Using Naturalistic Decision Making to Identify Support Requirements in the Traffic Incident Management Work Environment[J]. Journal of Cognitive Engineering and Decision Making，2016，10(3)：309 – 324.

[34] Lino N，Tate A，Chen-Burger Y. Semantic Support for Visualisation in Collaborative AI Planning[C]//Proceedings of the Workshop on The Role of Ontologies in Planning and Scheduling. Monterey：AAAI Press，2005：1 – 7.

[35] Manikonda L，Chakraborti T，De S，et al. AI-MIX：Using Automated Planning to Steer Human Workers Towards Better Crowdsourced Plans [C]//Proceedings of the National Conference on Artificial Intelligence. Moferey：AAAI Press，2014：42 – 43.

[36] Enarsson T，Enqvist L，Naarttijärvi M. Approaching the Human in the Loop-legal Perspectives on Hybrid Human/Algorithmic Decision-Making in Three Contexts [J]. Information & Communications Technology Law，2021：1 – 31.

[37] Kim J. Intelligent Decision Support for Human Team Planning[C]//Proceedings of the Twenty-Seventh International Joint Conference on Artificial Intelligence. California：International Joint Conferences on Artificial Intelligence，2018：5769 – 5770.

[38] Schnittker R，Marshall S D，Horberry T，et al. Decision-centred design in Healthcare：the process of identifying a decision support tool for airway management[J]. Applied Ergonomics，2019，77：70 – 82.

[39] Carayon P，Hoonakker P，Hundt A S，et al. Application of Human Factors to Improve Usability of Clinical Decision Support for Diagnostic Decision-Making：a scenario-based simulation study[J]. BMJ Quality & Safety，2020，29(4)：329.

[40] Lavrov E，Paderno P，Siryk O，et al. Decision Support in Incident Management Systems. Models of Searching for Ergonomic Reserves to Increase Efficiency[C]//2020 IEEE International Conference on Problems of Infocommunications. Science and Technology. New York：IEEE，2021：653 – 658.

[41] Illingworth D A, Feigh K M. Impact Mapping for Geospatial Reasoning and Decision Making. [J]. Human Factors, 2022,64:1363 - 1378.

[42] Vuckovic A, Sanderson P, Neal A, et al. Relative Position Vectors: an alternative approach to conflict detection in air traffic control[J]. Human Factors, 2013, 55(5): 946 - 964.

[43] Ożoga B, Montewka J. Towards a Decision Support System for Maritime Navigation on Heavily Trafficked Basins[J]. Ocean Engineering, 2018, 159: 88 - 97.

[44] Hory'n W, Hory'n H, Bielewicz M, et al. AI-Supported Decision-Making Process in Multidomain Military Operations[J]. Advanced Sciences and Technologies for Security Applications. 2021: 93 - 107.

[45] Diaz A, Schöggl J P, Reyes T, et al. Sustainable Product Development in a Circular Economy: implications for products, actors, decision-making support and lifecycle information management[J]. Sustainable Production and Consumption, 2021, 26: 1031 - 1045.

[46] Bolander T. What do We Loose When Machines Take the Decisions? [J]. Journal of Management and Governance, 2019, 23(4): 849 - 867.

[47] Shively R J, Lachter J, Brandt S L, et al. Why Human-Autonomy Teaming? [J]. Advances in Intelligent Systems and Computing, 2018, 586: 3 - 11.

[48] Kunze A, Summerskill S J, Marshall R, et al. Automation Transparency: implications of uncertainty communication for human-automation interaction and interfaces[J]. Ergonomics, 2019, 62(3): 345 - 360.

[49] Azevedo C R B, Raizer K, Souza R. A Vision for Human-Machine Mutual Understanding, Trust Establishment, and Collaboration[C]//2017 IEEE Conference on Cognitive and Computational Aspects of Situation Management (CogSIMA). Sarannah: IEEE, 2017: 1 - 3.

[50] Keim D A, Mansmann F, Stoffel A, et al. Visual Analytics[J]. Encyclopedia of Database Systems, 2009: 3341 - 3346.

[51] Chen K, Li Z, Jamieson G A. Influence of Information Layout on Diagnosis Performance[J]. IEEE Transactions on Human-Machine Systems, 2018, 48(3): 316 - 323.

[52] Chen K, Li Z. How does Information Congruence Influence Diagnosis Performance? [J]. Ergonomics, 2015, 58(6): 924 – 934.

[53] Niu Y, Xue C, Zhou X. et al. Which is More Prominent for Fighter Pilots under Different Flight Task Difficulties: visual alert or verbal alert? [J]. International Journal of Industrial Ergonomics, 2019, 72: 146 – 157.

[54] Wang H, Lau N, Gerdes R M. Examining Cybersecurity of Cyberphysical Systems for Critical Infrastructures Through Work Domain Analysis[J]. Human Factors, 2018, 60(5): 699 – 718.

[55] Paquette L, Kida T. The Effect of Decision Strategy and Task Complexity on Decision Performance[J]. Organizational Behavior and Human Decision Processes, 1988, 41(1): 128 – 142.

[56] Allen P M, Edwards J A, Snyder F J, et al. The Effect of Cognitive Load on Decision Making with Graphically Displayed Uncertainty Information [J]. Risk Analysis, 2014, 34(8): 1495.

[57] Berg M, Kojo I. Integrating Complex Information with Object Displays: psychophysical evaluation of outlines[J]. Behaviour & Information Technology, 2012, 31(2): 155 – 169.

[58] Starke S D, Baber C. The Effect of Four User Interface Concepts on Visual Scan Pattern Similarity and Information Foraging in a Complex Decision Making Task[J]. Applied Ergonomics, 2018, 70: 6 – 17.

[59] Cohen M A, Dennett D C, Kanwisher N. What is the Bandwidth of Perceptual Experience? [J]. Trends in Cognitive Sciences, 2016, 20(5): 324 – 335.

[60] Space: physics and metaphysics [EB/OL][2024 – 05 – 31]. https://www.britannica.com/science/space-physics-and-metaphysics.

[61] Darken R P, Sibert J L. Wayfinding Strategies and Behaviors in Large Virtual Worlds[C]//Proceedings of the SIGCHI Conference on Human Factors in Computing Systems Common Ground-CHI'96. New York: ACM Press, 1996: 142 – 149.

[62] Benyon D, Wilmes B. The Application of Urban Design Principles to Navigation of Information Spaces[G]//People and Computers XVII—Designing for Society. Berlin: Springer, 2004: 105 – 125.

[63] Blom H, Segers E, Knoors H, et al. Comprehension and Navigation of Networked Hypertexts[J]. Journal of Computer Assisted Learning, 2018, 34(3): 306 – 314.

[64] Hu C-C, Li H-L. Developing Navigation Graphs for TED Talks[J]. Computers in Human Behavior, 2017, 66: 26 – 41.

[65] Hahnel C, Goldhammer F, Naumann J, et al. Effects of Linear Reading, Basic Computer Skills, Evaluating Online Information, and Navigation on Reading Digital Text[J]. Computers in Human Behavior, 2016, 55: 486 – 500.

[66] Li L-Y, Chen G-D, Yang S-J. Construction of Cognitive Maps to Improve E-book Reading and Navigation[J]. Computers & Education, 2013, 60(1): 32 – 39.

[67] Convertino G, Chen J, Yost B, et al. Exploring Context Switching and Cognition in Dual-view Coordinated Visualizations[C]//Proceedings-International Conference on Coordinated and Multiple Views in Exploratory Visualization, CMV 2003. London: IEEE, 2003: 55 – 62.

[68] Dörk M, Riche N H, Ramos G, et al. PivotPaths: strolling through faceted information spaces[J]. IEEE Transactions on Visualization and Computer Graphics, 2012, 18(12): 2709 – 2718.

[69] Frisch M, Dachselt R. Visualizing Offscreen Elements of Node-Link Diagrams[J]. Information Visualization, 2013, 12(2): 133 – 162.

[70] Spence R. A Framework for Navigation[J]. International Journal of Human-Computer Studies, 1999, 51(5): 919 – 945.

[71] Woods D D, Roth E M, Stubler W F, et al. Navigating through Large Display Networks in Dynamic Control Applications[J]. Proceedings of the Human Factors Society Annual Meeting, 1990, 34(4): 396 – 399.

[72] Dörk M, Williamson C, Carpendale S. Navigating Tomorrow's Web: from searching and browsing to visual exploration[J]. ACM Transactions on the web, 2012, 6(3): 1 – 28.

[73] Weissgerber T L, Garovic V D, Savic M, et al. From Static to Interactive: transforming data visualization to improve transparency[J]. PLos Biology, 2016, 14(6): e1002484.

[74] Furnas G W. Effective View Navigation[C]//Proceedings of the ACM SIG-

CHI Conference on Human Factors in Computing Systems. New York：Association for Computing Machinery，1997：367 – 374.

[75] Jul S，Furnas G W. Critical Zones in Desert Fog：aids to multiscale navigation[C]//UIST'98：Proceedings of the ACM Symposium. New York：Association for Computing Machinery，1998：97 – 106.

[76] Burns C M. Navigation Strategies with Ecological Displays[J]. International Journal of Human-Computer Studies，2000，52(1)：111 – 129.

[77] Burns C M. Putting It All Together：improving display integration in ecological displays[J]. Human Factors，2000，42(2)：226 – 241.

[78] Siegel A W，White S H. The Development of Spatial Representations of Large-Scale Environments[J]. Advances in Child Development and Behavior，1975，10(C)：9 – 55.

[79] Timpf S，Volta G S，Pollock D W，et al. A Conceptual Model of Wayfinding Using Multiple Levels of Abstraction[J]. Lecture Notes in Computer Science，1992，639：348 – 367.

[80] Vinckier F，Rigoux L，Oudiette D，et al. Neuro-Computational Account of How Mood Fluctuations Arise and Affect Decision Making[J]. Nature Communications，2018，9(1)：1708.

[81] Laborde S，Raab M. The Tale of Hearts and Reason：the influence of mood on decision making[J]. Journal of Sport and Exercise Psychology，2013，35(4)：339 – 357.

[82] Rosdini D，Sari P Y，Amrania G K P，et al. Decision Making Biased：how visual illusion，mood，and information presentation plays a role[J]. Journal of Behavioral and Experimental Finance，2020，27：100347.

[83] Price M M，Crumley-Branyon J J，Leidheiser W R，et al. Effects of Information Visualization on Older Adults' Decision-Making Performance in a Medicare Plan Selection Task：a comparative usability study[J]. JMIR Human Factors，2016，3：16.

[84] Jeske D，Briggs P，Coventry L. Exploring the Relationship between Impulsivity and Decision-Making on Mobile Devices[J]. Personal and Ubiquitous Computing，2016，20：545 – 557.

［85］Maule A J, Hockey G R J, Bdzola L. Effects of Time-Pressure on Decision-Making under Uncertainty: changes in affective state and information processing strategy[J]. Acta Psychologica, 2000, 104(3): 283 – 301.

［86］Kerstholt J. The Effect of Time Pressure on Decision-Making Behaviour in a Dynamic Task Environment[J]. Acta Psychologica, 1994, 86(1): 89 – 104.

［87］Chen F, Krajbich I. Biased Sequential Sampling Underlies the Effects of Time Pressure and Delay in Social Decision Making[J]. Nature Communications, 2018, 9(1): 3557.

［88］Guo L, Trueblood J S, Diederich A. Thinking Fast Increases Framing Effects in Risky Decision Making[J]. Psychological Science, 2017, 28(4): 530 – 543.

［89］Cummings M L. Automation Bias in Intelligent Time Critical Decision Support Systems [M]//Decision Making in Aviation. London: Routledge, 2017.

［90］Mišković D, Bielić T, Čulin J. Impact of Technology on Safety as Viewed by Ship Operators[J]. Transactions on Maritime Science, 2018, 7(1): 51 – 58.

［91］Ruginski I T, Boone A P, Padilla L M, et al. Non-Expert Interpretations of Hurricane Forecast Uncertainty Visualizations[J]. Spatial Cognition & Computation, 2016, 16(2): 154 – 172.

［92］Li H, Moacdieh N. Is "Chart Junk" Useful? An Extended Examination of Visual Embellishment[J]. Proceedings of the Human Factors and Ergonomics Society Annual Meeting, 2014, 58(1): 1516 – 1520.

［93］Dimara E, Franconeri S, Plaisant C, et al. A Task-Based Taxonomy of Cognitive Biases for Information Visualization[J]. IEEE Transactions on Visualization and Computer Graphics, 2020, 26(2): 1413 – 1432.

［94］Tversky A, Kahneman D. The Framing of Decisions and the Psychology of Choice[J]. Science, 1981, 211(4481): 453 – 458.

［95］Pohl R F. Cognitive Illusions: intriguing phenomena in judgment, thinking and memory[M]. 2nd ed. London: Psychology Press, 2016.

［96］Calero Valdez A，Ziefle M，Sedlmair M．Studying Biases in Visualization Research：framework and methods［G］//Cognitive Biases in Visualizations．Berlin：Springer，2018：13－27．

［97］Dimara E，Bailly G，Bezerianos A，et al．Mitigating the Attraction Effect with Visualizations［J］．IEEE Transactions on Visualization and Computer Graphics，2019，25(1)：850－860．

［98］Ognjanovic S，Thüring M，Murphy R O，et al．Display Clutter and Its Effects on Visual Attention Distribution and Financial Risk Judgment［J］．Applied Ergonomics，2019，80：168－174．

［99］Franklin L，Plaisant C，Minhazur Rahman K，et al．Treatment Explorer：an interactive decision aid for medical risk communication and treatment exploration［J］．Interacting with Computers，2016，28(3)：238－252．

［100］Zhu Z，Peng N，Niu Y，et al．The Influence of Commodity Presentation Mode on Online Shopping Decision Preference Induced by the Serial Position Effect［J］．Applied Sciences，2021，11(20)：9671．

［101］Valdez A C，Ziefle M，Sedlmair M．Priming and Anchoring Effects in Visualization［J］．IEEE Transactions on Visualization and Computer Graphics，2018，24(1)：584－594．

［102］Robertson G，Fernandez R，Fisher D，et al．Effectiveness of Animation in Trend Visualization［J］．IEEE Transactions on Visualization and Computer Graphics，2008，14(6)：1325－1332．

［103］Reani M，Davies A，Peek N，et al．How do People Use Information Presentation to Make Decisions in Bayesian Reasoning Tasks？［J］．International Journal of Human-Computer Studies，2018，111：62－77．

［104］Micallef L，Dragicevic P，Fekete J-D．Assessing the Effect of Visualizations on Bayesian Reasoning through Crowdsourcing［J］．IEEE Transactions on Visualization and Computer Graphics，2012，18(12)：2536－2545．

［105］Zhao W，Ge Y，Qu W，et al．The Duration Perception of Loading Applications in Smartphone：effects of different loading types［J］．Applied Ergonomics，2017，65：223－232．

［106］Oghbaie M，Pennock M J，Rouse W B．Understanding the Efficacy of In-

teractive Visualization for Decision Making for Complex Systems[C]//
2016 Annual IEEE Systems Conference (SysCon). London: IEEE, 2016:
1 - 6.

[107] Kaplan R, Schuck N W, Doeller C F. The Role of Mental Maps in Deci-
sion-Making[J]. Trends in Neurosciences, 2017, 40(5): 256 - 259.

[108] Horr N K, Braun C, Volz K G. Feeling before Knowing Why: the role of
the orbitofrontal cortex in intuitive judgments—an MEG study[J]. Cogni-
tive, Affective, & Behavioral Neuroscience, 2014, 14(4): 1271 - 1285.

[109] Mostert P, Kok P, de Lange F P. Dissociating Sensory from Decision
Processes in Human Perceptual Decision Making[J]. Scientific Reports,
2016, 5(1): 18253.

[110] Hanks T D, Summerfield C. Perceptual Decision Making in Rodents,
Monkeys, and Humans[J]. Neuron, 2017, 93(1): 15 - 31.

[111] Patterson R E, Blaha L M, Grinstein G G, et al. A Human Cognition
Framework for Information Visualization[J]. Computers and Graphics
(Pergamon), 2014, 42(1): 42 - 58.

[112] Kerracher N, Kennedy J, Chalmers K. The Design Space of Temporal
Graph Visualisation[J]. Eurographics Conference on Visualization, 2014:
1 - 5.

[113] Hegarty M. The Cognitive Science of Visual-Spatial Displays: implications
for design[J]. Topics in Cognitive Science, 2011, 3(3): 446 - 474.

[114] Robertson I T. Human Information-Processing Strategies and Style[J].
Behaviour & Information Technology, 1985, 4(1): 19 - 29.

[115] Hwang M I, Lin J W. Information Dimension, Information Overload and Deci-
sion Quality[J]. Journal of Information Science, 1999, 25(3): 213 - 218.

[116] Ardissono L, Delsanto M, Lucenteforte M, et al. Transparency-Based In-
formation Filtering on 2D/3D Geographical Maps[C]//Proceedings of the
2018 International Conference on Advanced Visual Interfaces. New York:
ACM Press, 2018: 1 - 3.

[117] Reani M, Peek N, Jay C. How Different Visualizations Affect Human
Reasoning about Uncertainty: an analysis of visual behaviour[J]. Comput-

ers in Human Behavior，2019，92：55 – 64.

[118] Kunze A，Summerskill S J，Marshall R，et al. Augmented Reality Displays for Communicating Uncertainty Information in Automated Driving [C]//Proceedings of the 10th International Conference on Automotive User Interfaces and Interactive Vehicular Applications. New York：ACM Press，2018：164 – 175.

[119] Liu D H，Peterson T，Vincenzi D，et al. Effect of Time Pressure and Target Uncertainty on Human Operator Performance and Workload for Autonomous Unmanned Aerial System[J]. International Journal of Industrial Ergonomics，2016，51：52 – 58.

[120] Andre A D，Cutler H A. Displaying Uncertainty in Advanced Navigation Systems[J]. Proceedings of the Human Factors and Ergonomics Society Annual Meeting，1998，42(1)：31 – 35.

[121] Padilla L M，Ruginski I T，Creem-Regehr S H. Effects of Ensemble and Summary Displays on Interpretations of Geospatial Uncertainty Data[J]. Cognitive Research：Principles and Implications，2017，2(1)：1 – 16.

[122] Thompson C M A，Lindsay J M，Leonard G S，et al. Volcanic Hazard Map Visualisation Affects Cognition and Crisis Decision-Making[J]. International Journal of Disaster Risk Reduction，2021，55：102102.

[123] Milutinović G，Ahonen-Jonnarth U，Seipel S. Does Visual Saliency Affect Decision-making? [J]. Journal of Visualization，2021，24(6)：1267 – 1285.

[124] Verovšek Š，Juvančič M，Zupančič T. Using Visual Language to Represent Interdisciplinary Content in Urban Development：selected findings[J]. Urbani Izziv，2013，24(2)：144 – 155.

[125] Peng N，Song L，Wu L，et al. Cueing Effects of Colour on Attention Management in Multiple-View Visualisations：evidence from eye-tracking by using a dual-task paradigm[J]. Behaviour & Information Technology，2022，41(8)：1652 – 1670.

[126] Smallman H S，John M S，Oonk H M，et al. Information Availability in 2D and 3D Displays[J]. IEEE Computer Graphics and Applications，2001，21(5)：51 – 57.

[127] Shi Y, Du J, Zhu Q. The Impact of Engineering Information Format on Task Performance: gaze scanning pattern analysis[J]. Advanced Engineering Informatics, 2020, 46: 101167.

[128] Tory M, Kirkpatrick A E, Atkins M S, et al. Visualization Task Performance with 2D, 3D, and Combination Displays[J]. IEEE Transactions on Visualization and Computer Graphics, 2006, 12(1): 2-13.

[129] Milani L, Grumi S, Di Blasio P. Positive Effects of Videogame Use on Visuospatial Competencies: the impact of visualization style in preadolescents and adolescents[J]. Frontiers in Psychology, 2019, 10: 1226.

[130] Woods D D. Toward a Theoretical Base for Representation Design in the Computer Medium: ecological perception and aiding human cognition[J]. Global Perspectives on the Ecology of Human-Machine Systems, 2018: 157-188.

[131] Skraaning G, Jamieson G A. Human Performance Benefits of the Automation Transparency Design Principle: validation and variation[J]. Human Factors, 2021, 63(3): 379-401.

[132] El Meseery M, Hoeber O. Geo-Coordinated Parallel Coordinates (GCPC): field trial studies of environmental data analysis[J]. Visual Informatics, 2018, 2(2): 111-124.

[133] Griffin A L, Robinson A C. Comparing Color and Leader Line Highlighting Strategies in Coordinated View Geovisualizations[J]. IEEE Transactions on Visualization and Computer Graphics, 2015, 21(3): 339-349.

[134] Lobo M J, Appert C, Pietriga E. Animation Plans for Before-and-After Satellite Images[J]. IEEE Transactions on Visualization and Computer Graphics, 2018, 25(2): 1347-1360.

[135] Yu L, Lu A, Ribarsky W, et al. Automatic Animation for Time-Varying Data Visualization[J]. Computer Graphics Forum, 2010, 29(7): 2271-2280.

[136] Acevedo W, Masuoka P. Time-Series Animation Techniques for Visualizing Urban Growth[J]. Computers and Geosciences, 1997, 23(4): 423-435.

[137] Archambault D, Purchase H, Pinaud B. Animation, Small Multiples, and the Effect of Mental Map Preservation in Dynamic Graphs[J]. IEEE

Transactions on Visualization and Computer Graphics，2011，17(4)：539 - 552.

[138] Wang Y H，Wang Y Y，Zhang H，et al. Structure-Aware Fisheye Views for Efficient Large Graph Exploration[J]. IEEE Transactions on Visualization and Computer Graphics，2019，25(1)：566 - 575.

[139] Games P S，Joshi A. Visualization of Off-Screen Data on Tablets Using Context-Providing Bar Graphs and Scatter Plots[J]. Electronic Imaging，2013，9017：90170D.

[140] Sundarararajan P K，Mengshoel O J，Selker T. Multi-Focus and Multi-Window Techniques for Interactive Network Exploration[J]. Electronic Imaging，2013，8654：86540O.

[141] Gonçalves T，Afonso A，Carmo M，et al. HaloDot：visualization of the relevance of off-screen objects[J]. Proc of SIACG'11，2011：117 - 120.

[142] Chen H M. An Overview of Information Visualization[J]. Library Technology Reports，2017，53(3)：5 - 7.

[143] Posner M I. Orienting of Attention[J]. Quarterly Journal of Experimental Psychology，1980，32(1)：3 - 25.

[144] Archambault D，Purchase H C. The "map" in the Mental Map：experimental results in dynamic graph drawing[J]. International Journal of Human Computer Studies，2013，71(11)：1044 - 1055.

[145] Perera N，Goodman A，Blashki K. Preattentive Processing：using low-level vision psychology to encode information in visualisations[C]//Proceedings of the 2007 ACM Symposium on Applied Computing. New York：ACM Press，2007：1090 - 1091.

[146] Turatto M，Galfano G. Color，Form and Luminance Capture Attention in Visual Search[J]. Vision Research，2000，240：1639 - 1643.

[147] Kortschot S W，Jamieson G A. Classification of Attentional Tunneling through Behavioral Indices[J]. Human Factors，2019，62(6)：973 - 986.

[148] De Joux N R，Wilson K，Russell P N，et al. The Effects of a Transition between Local and Global Processing on Vigilance Performance[J]. Journal of Clinical and Experimental Neuropsychology，2015，37(8)：888 - 898.

［149］Angelini M，Santucci G．Cyber Situational Awareness：from geographical alerts to high-level management［J］．Journal of Visualization，2017，20 (3)：453 – 459．

［150］Gray C C，Ritsos P D，Roberts J C．Contextual Network Navigation to Provide Situational Awareness for Network Administrators［C］//2015 IEEE Symposium on Visualization for Cyber Security (VizSec)．London：IEEE，2015：1 – 8．

［151］Chen X，Chen J，Zeng X，et al．Correlative Visual Analytics for DNS Traffic with Multiple Views Based on TDRI［J］．Advanced Engineering Sciences，2018，50(4)：123 – 129．

［152］Kortschot S W，Sovilj D，Jamieson G A，et al．Measuring and Mitigating the Costs of Attentional Switches in Active Network Monitoring for Cyber-security［J］．Human Factors，2018，60(7)：962 – 977．

［153］Aigner W，Miksch S．CareVis：integrated visualization of computerized protocols and temporal patient data［J］．Artificial Intelligence in Medicine，2006，37(3)：203 – 218．

［154］Keefe D F，Ewert M，Ribarsky W，Chang R．Interactive Coordinated Multiple-view Visualization of Biomechanical Motion Data［J］．IEEE Transactions on Visualization and Computer Graphics．2009，15(6)：1383 – 1390．

［155］Major T，Basole R C．Graphicle：exploring units，networks，and context in a blended visualization approach［J］．IEEE Transactions on Visualization and Computer Graphics，2018，PP(c)：1．

［156］Liu S，Wu Y，Wei E．StoryFlow：tracking the evolution of stories［J］．IEEE Transactions on Visualization and Computer Graphics，2013，19 (12)：2436 – 2445．

［157］Zhao J，Sun M，Chen F，et al．BiDots：visual exploration of weighted bi-clusters［J］．IEEE Transactions on Visualization and Computer Graphics，2018，24(1)：195 – 204．

［158］Lakoff G，Johnson M．Metaphors We Live By［M］．Chicago：University of Chicago Press，2013．

［159］Kövecses Z．Metaphor：a practical introduction［M］．New York：Oxford

University Press，2010.

[160] Steinhart E C. The Logic of Metaphor[M]. Dordrecht：Springer Nether-lands，2001.

[161] Thibodeau P H，Matlock T，Flusberg S J，et al. The Role of Metaphor in Communication and Thought[J]. Lang and Linguist Compass，2019，13(5)：1-18.

[162] Pinker S. The Stuff of Thought：language as a window into human nature [M]. New York：Viking Adult，2007.

[163] Qin J，Guan Y，Ji H. TUI Interactive Product Design[C]//2009 IEEE 10th International Conference on Computer-Aided Industrial Design &. Conceptual Design. London：IEEE，2009.

[164] Cila N，Hekkert P，Visch V. "Digging for Meaning"：the effect of a designer's expertise and intention on depth of product metaphors[J]. Met-aphor and Symbol，2014，29(4)：257-277.

[165] Simon P M，Turkay C. Hunting High and Low：visualising shifting corre-lations in financial markets[J]. Computer Graphics Forum，2018，37(3)：479-490.

[166] Noble C H，Bing M N，Bogoviyeva E. The Effects of Brand Metaphors as Design Innovation：a test of congruency hypotheses[J]. Journal of Product Innovation Management，2013，30：126-141.

[167] Straub E R，Schaefer K E. It Takes Two to Tango：automated vehicles and hu-man beings do the dance of driving - four social considerations for policy[J]. Transportation Research Part A：Policy and Practice，2019，122：173-183.

[168] Celentano A，Dubois E. Evaluating Metaphor Reification in Tangible Interfaces [J]. Journal on Multimodal User Interfaces，2015，9(3)：231-252.

[169] Hurtienne J，Israel J H. Image Schemas and Their Metaphorical Exten-sions[C]//Proceedings of the 1st International Conference on Tangible and Embedded Interaction-TEI'07. New York：ACM Press，2007：127.

[170] Livingston M A，Ai Z，Karsch K，et al. User Interface Design for Military AR Applications[J]. Virtual Reality，2011，15(2-3)：175-184.

[171] Romano S，Capece N，Erra U，et al. On the Use of Virtual Reality in

Software Visualization: the case of the city metaphor[J]. Information and Software Technology, 2019, 114: 92 – 106.

[172] Blum T, Kleeberger V, Bichlmeier C, et al. Mirracle: an augmented reality magic mirror system for anatomy education[C]//2012 IEEE Virtual Reality (VR). London: IEEE, 2012.

[173] Palamidese P. A Camera Motion Metaphor Based on Film Grammar[J]. The Journal of Visualization and Computer Animation, 1996, 7(2): 61 – 78.

[174] Katsanos C, Tselios N, Avouris N. Evaluating Website Navigability: validation of a tool-based approach through two eye-tracking user studies[J]. New Review of Hypermedia and Multimedia, 2010, 16(1 – 2): 195 – 214.

[175] Dieberger A. A City Metaphor for Supporting Navigation[J]. Journal of Visual Languages and Computing, 1998.

[176] Dennis B M, Healey C G. Assisted Navigation for Large Information Spaces[J]. Proceedings of the IEEE Visualization Conference, 2002: 419 – 426.

[177] Ortony A. Why Metaphors Are Necessary and Not Just Nice[J]. Educational Theory, 1975, 25(1): 45 – 53.

[178] Billow R M. Metaphor: a review of the psychological literature.[J]. Psychological Bulletin, 1977, 84(1): 81 – 92.

[179] Hurtienne J, Stößel C, Sturm C, et al. Physical Gestures for Abstract Concepts: inclusive design with primary metaphors[J]. Interacting with Computers, 2010, 22(6): 475 – 484.

[180] Fabrikant S I. Spatial Metaphors for Browsing Large Data Archives[D]. Boulder: University of Colorado, 2000.

[181] Sorrows M E, Hirtle S C. The Nature of Landmarks for Real and Electronic Spaces[J]. Lecture Notes in Computer Science, 1999: 37 – 50.

[182] Benyon D, Höök K, Nigay L. Spaces of interaction[J]. Proceedings of the 2010 ACM-BCS Visions of Computer Science Conference, 2010: 2.

[183] Burigat S, Chittaro L. Navigation in 3D Virtual Environments: effects of user experience and location-pointing navigation aids[J]. International Journal of Human-Computer Studies, 2007, 65(11): 945 – 958.

[184] de Joode J. Spatial Metaphor in Language and Cognition[M]//Metaphori-

cal Landscapes and the Theology of the Book of Job. Leiden：Brill，2019：46 - 67.

[185] Ahmadpoor N，Shahab S. Spatial Knowledge Acquisition in the Process of Navigation：a review[J]. Current Urban Studies，2019，7(1)：1 - 19.

[186] de Souza C S. The Semiotic Engineering of User Interface Languages[J]. International Journal of Man-Machine Studies，1993，39：753 - 773.

[187] Shum S. Real and Virtual Spaces：mapping from spatial cognition to hypertext[J]. Hypermedia，1990，2(2)：133 - 158.

[188] Lynch K. The Image of the City[M]. Cambridge：The MIT Press，1990.

[189] Couclelis H. Location，Place，Region，and Space[G]//Geography's Inner Worlds. New Jersey：Rutgers University Press，1992.

[190] Wang R F. Spatial Updating and Common Misinterpretations of Spatial Reference Frames[J]. Spatial Cognition and Computation，2017，17(3)：222 - 249.

[191] Caduff D，Timpf S. On the Assessment of Landmark Salience for Human Navigation[J]. Cognitive Processing，2008，9(4)：249 - 267.

[192] Steck S D，Mallot H A. The Role of Global and Local Landmarks in Virtual Environment Navigation[J]. Presence：Teleoperators and Virtual Environments，2000，9(1)：69 - 83.

[193] Hart R A，Moore G T. The Development of Spatial Cognition：a review [G]//Image and Environment：Cognitive Mapping and Spatial Behavior. New York：Routledge，2017.

[194] Thorndyke P W，Goldin S E. Spatial Learning and Reasoning Skill[G]// Spatial Orientation. Boston：Springer，1983.

[195] Montello D R. Cognition and Spatial Behavior[G]//International Encyclopedia of Geography：people，the earth，environment and technology. Oxford：John Wiley & Sons，Ltd，2017：1 - 20.

[196] Hirtle S C，Hudson J. Acquisition of Spatial Knowledge for Routes[J]. Journal of Environmental Psychology，1991，11(4)：335 - 345.

[197] Downs R M，Stea D. Cognitive Maps and Spatial Behaviour：process and products[M]//Image and Environment. London：Routledge，2011：8 - 26.

[198] Webber M J, Symanski R, Root J. Toward a Cognitive Spatial Theory[J]. Economic Geography, 1975, 51(2): 100.

[199] Kaplan R, King J, Koster R, et al. The Neural Representation of Prospective Choice during Spatial Planning and Decisions[J]. PLoS Biology, 2017, 15(1): 1002588.

[200] Barron H C, Dolan R J, Behrens T E J. Online Evaluation of Novel Choices by Simultaneous Representation of Multiple Memories[J]. Nature Neuroscience, 2013, 16(10): 1492 – 1498.

[201] Yatim N F M. A Combination Measurement for Studying Disorientation [C]//Proceedings of the 35th Annual Hawaii International Conference on System Sciences. London: IEEE, 2002: 7.

[202] Montello D R. Geographic Orientation, Disorientation, and Misorientation: a commentary on Fernandez Velasco and Casati[J]. Spatial Cognition & Computation, 2020, 20(4): 306 – 313.

[203] Carpendale M S T, Cowperthwaite D J, Fracchia F D. Making Distortions Comprehensible[C]// Proceedings of 1997 IEEE Symposium on Visual Languages. London: IEEE, 1997: 36 – 45.

[204] Woods D D. The Theory and Practice of Representational Design in the Computer ,Medium[M]// Global Perspectives on the Ecology of Human-Machine Systems. Florida: CRC Press, 1995: 1 – 16.

[205] Klockow-McClain K E, McPherson R A, Thomas R P. Cartographic Design for Improved Decision Making: trade-offs in uncertainty visualization for tornado threats[J]. Annals of the American Association of Geographers, 2020, 110(1): 314 – 333.

[206] Sarvghad A, Saket B, Endert A, et al. Embedded Merge Split: visual adjustment of data grouping[J]. IEEE Transactions on Visualization and Computer Graphics, 2019, 25(1): 800 – 809.

[207] Lamy J B, Berthelot H, Favre M, et al. Using Visual Analytics for Presenting Comparative Information on New Drugs[J]. Journal of Biomedical Informatics, 2017, 71: 58 – 69.

[208] Lamy J-B, Duclos C, Bar-Hen A, et al. An Iconic Language for the

Graphical Representation of Medical Concepts[J]. BMC Medical Informatics and Decision Making, 2008, 8(1): 16.

[209] Lin C-H, Chen J-Y, Hsu S-S, et al. Automatic Tourist Attraction and Representative Icon Determination for Tourist Map Generation[J]. Article Information Visualization, 2014, 13(1): 18 - 28.

[210] Karim R M, Kwon O H, Park C, et al. A Study of Colormaps in Network Visualization[J]. Applied Sciences (Switzerland), 2019, 9(20): 1 - 13.

[211] Vande Moere A, Tomitsch M, Wimmer C, et al. Evaluating the Effect of Style in Information Visualization[J]. IEEE Transactions on Visualization and Computer Graphics, 2012, 18(12): 2739 - 2748.

[212] Byrne L, Angus D, Wiles J. Figurative Frames: a critical vocabulary for images in information visualization[J]. Information Visualization, 2019, 18(1): 45 - 67.

[213] Amar R, Eagan J, Stasko J. Low-Level Components of Analytic Activity in Information Visualization[J]. Proceedings-IEEE Symposium on Information Visualization, INFO VIS, 2005: 111 - 117.

[214] Brehmer M, Munzner T. A Multi-Level Typology of Abstract Visualization Tasks[J]. IEEE Transactions on Visualization and Computer Graphics, 2013, 19(12): 2376 - 2385.

[215] Just M A, Carpenter P A. A Theory of Reading: from eye fixations to comprehension[J]. Psychological Review, 1980, 87(4): 329 - 354.

[216] Brennan J, Martin E. Spatial Proximity is More Than Just a Distance Measure[J]. International Journal of Human Computer Studies, 2012, 70(1): 88 - 106.

[217] Müller F. Granularity Based Multiple Coordinated Views to Improve the Information Seeking Process[D]. Konstanz: University of Konstanz, 2005.

[218] Cohé A, Liutkus B, Bailly G, et al. SchemeLens: a content-aware vector-based fisheye technique for navigating large systems diagrams[J]. IEEE Transactions on Visualization and Computer Graphics, 2016, 22(1): 330 - 338.

[219] Yu-Shuen Wang, Ming-Te Chi. Focus + Context Metro Maps[J]. IEEE

Transactions on Visualization and Computer Graphics, 2011, 17（12）: 2528 – 2535.

[220] Sarkar M, Snibbe S S, Tversky O J, et al. Stretching the Rubber Sheet [C]//Proceedings of the 6th Annual ACM Symposium on User Interface Software and Technology. New York: ACM Press, 1993: 81 – 91.

[221] Splechtna R, Beham M, Grǎcanin D, et al. Cross-Table Linking and Brushing: interactive visual analysis of multiple tabular data sets[J]. Visual Computer, 2018, 34(6 – 8): 1087 –1098.

[222] Ryu Y S, Yost B, Convertino G, et al. Exploring Cognitive Strategies for Integrating Multiple-View Visualizations[J]. Proceedings of the Human Factors and Ergonomics Society Annual Meeting, 2003, 47(3): 591 – 595.

[223] Bach B, Pietriga E, Fekete J-D. GraphDiaries: animated transitions and temporal navigation for dynamic networks[J]. IEEE Transactions on Visualization and Computer Graphics, 2014, 20(5): 740 – 754.

[224] Archambault D, Purchase H C. Can Animation Support the Visualisation of Dynamic Graphs? [J]. Information Sciences, 2016, 330: 495 – 509.

[225] Konzack M, Gijsbers P, Timmers F, et al. Visual Exploration of Migration Patterns in Gull Data[J]. Information Visualization, 2018, 18（1）: 138 – 152.

[226] Tversky B, Morrison J B, Betrancourt M. Animation: can it facilitate? [J]. Int. J. Human-Computer Studies, 2002, 57: 247 – 262.

[227] Shneiderman B. The Eyes Have It: a task by data type taxonomy for information visualizations[J]. IEEE Symposium on Visual Languages, 1996: 1 – 8.

[228] Kerracher N, Kennedy J, Chalmers K. A Task Taxonomy for Temporal Graph Visualisation[J]. IEEE Transactions on Visualization and Computer Graphics, 2015, 21(10): 1160 – 1172.

[229] Parr C S, Henry N, Fekete J-D, et al. Task taxonomy for graph visualization[C]// AVI Workshop on BEyond time and errors. New York: ACM Press, 2007: 1.

[230] Beck F, Burch M, Diehl S, et al. A Taxonomy and Survey of Dynamic Graph

Visualization[J]. Computer Graphics Forum，2017，36(1)：133 – 159.

[231] Burton C，Daneman M. Compensating for a Limited Working Memory Capacity During Reading：evidence from eye movements[J]. Reading Psychology，2007，28(2)：163 – 186.

[232] Plaisant C，Grosjean J，Bederson B B. SpaceTree：supporting exploration in large node link tree，design evolution and empirical evaluation [J]. IEEE Symposium on Information Visualization，2002：57 – 64.

[233] Pirolli P，Card S. Information Foraging in Information Access Environments[C]//Proceedings of the SIGCHI Conference on Human Factors in Computing Systems-CHI'95. New York：ACM Press，1995：51 – 58.

[234] Patterson R，Pierce B，Bell H H，et al. Training Robust Decision Making in Immersive Environments[J]. Journal of Cognitive Engineering and Decision Making，2009，3(4)：331 – 361.

[235] Lim S-J，Tin J，Qu A，et al. Attention Versus Adaptation in Processing Talker Variability in Speech[J]. The Journal of the Acoustical Society of America，2019，145(3)：1822.

[236] Dombrowe I，Donk M，Olivers C N L. The Costs of Switching Attentional Sets [J]. Attention，Perception，and Psychophysics，2011，73(8)：2481 – 2488.

[237] Cheng K. A Purely Geometric Module in the Rat's Spatial Representation [J]. Cognition，1986，23(2)：149 – 178.

[238] Allport D A，Styles E A，Hsieh S. Shifting Intentional Set：exploring the dynamic control of tasks.[J]. Attention and Performance IV，1994：421 – 452.

[239] Wylie G，Allport A. Task Switching and the Measurement of Switch Costs [J]. Psychological Research，2000，63(3 – 4)：212 – 233.

[240] Meiran N. Reconfiguration of Processing Mode Prior to Task Performance [J]. Journal of Experimental Psychology：Learning Memory and Cognition，1996，22(6)：1423 – 1442.

[241] Monsell S，Yeung N，Azuma R. Reconfiguration of Task-Set：is it easier to switch to the weaker task？ [J]. Psychological Research，2000，63(3)：250 – 264.

［242］Baddeley A. Exploring the Central Executive［J］. The Quarterly Journal of Experimental Psychology Section A，1996，49(1)：5 - 28.

［243］Stuphorn V，Emeric E E. Proactive and Reactive Control by the Medial Frontal Cortex［J］. Frontiers in Neuroengineering，2012，5：9.

［244］Aron A R. The Neural Basis of Inhibition in Cognitive Control［J］. The Neuroscientist，2007，13(3)：214 - 228.

［245］May C P，Hasher L，Kane M J. The Role of Interference in Memory Span ［J］. Memory and Cognition，1999，27(5)：759 - 767.

［246］Allport A，Wylie G. Task-switching：positive and negative priming of task-set［G］//Attention，Space and Action：studies in cognitive neuroscience. Oxford：Oxford University Press，1999：273 - 296.

［247］Tseng Y-C，Li C-S R. Oculomotor Correlates of Context-Guided Learning in Visual Search［J］. Perception & Psychophysics，2004，66(8)：1363 - 1378.

［248］Manginelli A A，Pollmann S. Misleading Contextual Cues：how do they affect visual search? ［J］. Psychological Research，2009，73(2)：212 - 221.

［249］MacEachren A M. How Maps Work：representation，visualization，and design［M］. New York：The Guilford Press，1995.

［250］Hoffmann R，Baudisch P，Weld D S. Evaluating Visual Cues for Window Switching on Large Screens［C］//Proceeding of the Twenty-sixth Annual CHI Conference on Human Factors in Computing Systems. New York：ACM Press，2008：929.

［251］Tabbers H K，Martens R L，Van Merriënboer J J G. Multimedia Instructions and Cognitive Load Theory：effects of modality and cueing［J］. British Journal of Educational Psychology，2004，74(1)：71 - 81.

［252］Gratzl S，Gehlenborg N，Lex A，et al. Domino：Extracting，Comparing，and Manipulating Subsets Across Multiple Tabular Datasets［J］. IEEE Transactions on Visualization and Computer Graphics，2014，20(12)：2023 - 2032.

［253］Koytek P，Perin C，Vermeulen J，et al. MyBrush：brushing and linking with personal agency［J］. IEEE Transactions on Visualization and Computer Graphics，2018，24(1)：605 - 615.

［254］Waldner M，Puff W，Lex A，et al. Visual Links Across Applications

[C]//Proceedings of the Graphics Interface, 2010: 129 – 136.

[255] Steinberger M, Waldner M, Streit M, et al. Context-Preserving Visual Links[J]. IEEE Transactions on Visualization and Computer Graphics, 2011, 17(12): 2249 – 2258.

[256] Savage L J. The Foundations of Stastics[M]. 2nd ed. London: Dover Publications, 1972.

[257] Shanmugasundaram M, Irani P. The Effect of Animated Transitions in Zooming Interfaces[C]//Proceedings of the Workshop on Advanced Visual Interfaces AVI, 2008: 396 – 399.

[258] Amadieu F, Mariné C, Laimay C. The Attention-Guiding Effect and Cognitive Load in the Comprehension of Animations[J]. Computers in Human Behavior, 2011, 27: 36 – 40.

[259] Castelhano M S, Pollatsek A, Cave K R. Typicality Aids Search for an Unspecified Target, but only in Identification and not in Attentional Guidance[J]. Psychonomic Bulletin & Review, 2008, 15(4): 795 – 801.

[260] Malcolm G L, Henderson J M. The Effects of Target Template Specificity on Visual Search in Real-World Scenes: evidence from eye movements[J]. Journal of Vision, 2009, 9(11): 8,1 – 13.

[261] Müller H J, Rabbitt P M A. Reflexive and Voluntary Orienting of Visual Attention: time course of activation and resistance to interruption[J]. Journal of Experimental Psychology: Human Perception and Performance, 1989, 15(2): 315 – 330.

[262] Posner M I, Presti D E. Selective Attention and Cognitive Control[J]. Trends in Neurosciences, 1987, 10(1): 13 – 17.

[263] Kahneman D. Attention and Effort [M]. Englewood Cliffs: Prentice-Hall, 1973.

[264] Navon D, Miller J. Queuing or Sharing? A Critical Evaluation of the Single-Bottleneck Notion[J]. Cognitive Psychology, 2002, 44(3): 193 – 251.

[265] Stanislaw H, Todorov N. Calculation of Signal Detection Theory Measures [J]. Behavior Research Methods, Instruments, and Computers, 1999, 31 (1): 137 – 149.

［266］Faul F，Erdfelder E，Lang A G，et al. G*Power 3：a flexible statistical power analysis program for the social，behavioral，and biomedical sciences ［J］. Behavior Research Methods，2007，39(2)：175 - 191.

［267］Green B F，Anderson L K. Color Coding in a Visual Search Task［J］. Journal of Experimental Psychology，1956，51(1)：19 - 24.

［268］Christman S D，Niebauer C L. The Relation Between Left-Right and Upper-Lower Visual Field Asymmetries［G］//Cerebral Asymmetries in Sensory and Perceptual Processing. Amsterdam：Elsevier，1997，123(C)：263 - 296.

［269］Parasuraman R. Memory Load and Event Rate Control Sensitivity Decrements in Sustained Attention［J］. Science，1979，205(4409)：924 - 927.

［270］Bertamini M. Representational Momentum，Internalized Dynamics，and Perceptual Adaptation［J］. Visual Cognition，2002，9(1 - 2)：195 - 216.

［271］Treisman A. Properties，Parts，and Objects［G］//Handbook of Perception and Human Performance，Vol. 2：cognitive processes and performance. Oxford：Wiley-Interscience，1986：1 - 70.

［272］Hanna A，Remington R. The Representation of Color and Form in Long-term Memory［J］. Memory & Cognition，1996，24(3)：322 - 330.

［273］Dwyer F M，Moore D M. Effect of Color Coding on Visually Oriented Tests With Students of Different Cognitive Styles［J］. The Journal of Psychology，1991，125(6)：677 - 680.

［274］Biggs A T，Kreager R D，Davoli C C. Finding a Link Between Guided Search and Perceptual Load Theory［J］. Journal of Cognitive Psychology，2015，27(2)：164 - 179.

［275］Müller H J，Geyer T，Zehetleitner M，et al. Attentional Capture by Salient Color Singleton Distractors is Modulated by Top-Down Dimensional Set［J］. Journal of Experimental Psychology：Human Perception and Performance，2009，35(1)：1 - 16.

［276］Nordfang M，Dyrholm M，Bundesen C. Identifying Bottom-Up and Top-down Components of Attentional Weight by Experimental Analysis and Computational Modeling［J］. Journal of Experimental Psychology：General，2013，142(2)：510 - 535.

[277] Lee J, Leonard C J, Luck S J, et al. Dynamics of Feature-Based Attentional Selection during Color – Shape Conjunction Search[J]. Journal of Cognitive Neuroscience, 2018, 30(12): 1773 – 1787.

[278] Sobel K V, Pickard M D, Acklin W T. Using Feature Preview to Investigate the Roles of Top-Down and Bottom-up Processing in Conjunction Search[J]. Acta Psychologica, 2009, 132(1): 22 – 30.

[279] Holmes D L, Cohen K M, Haith M M, et al. Peripheral Visual Processing [J]. Perception & Psychophysics, 1977, 22(6): 571 – 577.

[280] Eisenberg M L, Zacks J M. Ambient and Focal Visual Processing of Naturalistic Activity[J]. Journal of Vision, 2016, 16(2): 5.

[281] Logie R H, Gilhooly K J, Wynn V. Counting on Working Memory in Arithmetic Problem Solving[J]. Memory & Cognition, 1994, 22(4): 395 – 410.

[282] Lee K M, Kang S Y. Arithmetic Operation and Working Memory: differential suppression in dual tasks[J]. Cognition, 2002, 83(3):B63 – B68.

[283] Posner M I, Snyder C R R. Facilitation and Inhibition in the Processing of Signals[J]. Attention and Performance, 1975: 669 – 682.

[284] Jacobsen A R. The Effect of Background Luminance on Color Recognition [J]. Color Research & Application, 1986, 11(4): 263 – 269.

[285] Jbara A, Feitelson D G. How Programmers Read Regular Code: a controlled experiment using eye tracking[J]. Empirical Software Engineering, 2017, 22(3): 1440 – 1477.

[286] Box G E P, Cox D R. An Analysis of Transformations[J]. Journal of the Royal Statistical Society: Series B (Methodological), 1964, 26:211 – 243.

[287] Salkind N. Ceiling Effect[G]//Encyclopedia of Research Design. Thousand Oaks: SAGE Publications, Inc. , 2012.

[288] Walczyk J J. Testing a Compensatory-Encoding Model[J]. Reading Research Quarterly, 1995, 30(3): 396 – 408.

[289] Witzel C, Gegenfurtner K R. Categorical Facilitation with Equally Discriminable Colors[J]. Journal of Vision, 2015, 15(8): 22.

[290] Bussche E V D, Hughes G, Humbeeck N V, et al. The Relation Between Consciousness and Attention: an empirical study using the priming para-

digm[J]. Consciousness and Cognition, 2010, 19(1): 86 – 97.

[291] Holmqvist K, Andersson R. Eye Tracking: a comprehensive guide to methods and measures[M]. 2nd ed. Lund: Lund Eye-Tracking Research Institute, 2017.

[292] Zangemeister W H, Sherman K, Stark L. Evidence for a Global Scanpath Strategy in Viewing Abstract Compared with Realistic Images[J]. Neuropsychologia, 1995, 33(8): 1009 – 1025.

[293] Plumlee M D, Ware C. Zooming Versus Multiple Window Interfaces: cognitive costs of visual comparisons[J]. ACM Transactions on Computer-Human Interaction, 2006, 13(2): 179 – 209.

[294] Mokrzycki W S, Tatol M. Colour Difference ΔE-a Survey[J]. Machine Graphics and Vision, 2011, 20(4): 383 – 411.

[295] Hornbæk K, Bederson B B, Plaisant C. Navigation Patterns and Usability of Zoomable User Interfaces with and without an Overview[J]. ACM Transactions on Computer-Human Interaction, 2002, 9(4): 362 – 389.

[296] Rodden K, Fu X. Exploring How Mouse Movements Relate to Eye Movements on Web Search Results Pages[J]. SIGIR Workshop on Web Information Seeking and Interaction, 2007: 29 – 32.

[297] Chen M C, Anderson J R, Sohn M H. What Can a Mouse Cursor Tell Us More? Correlation of Eye/Mouse Movements on Web Browsing[C]//Conference on Human Factors in Computing Systems. New York: ACM Press, 2001: 281 – 282.

[298] Arroyo E, Selker T, Wei W. Usability Tool for Analysis of Web Designs Using Mouse Tracks[J]. CHI'06 Exended Abstracts on Human Factors in Computing Systems, 2006: 484 – 489.

[299] van Drunen A, van den Broek E L, Spink A J, et al. Exploring Workload and Attention Measurements with ULog Mouse Data[J]. Behavior Research Methods, 2009, 41(3): 868 – 875.

[300] Santa-Maria L, Dyson M C. The Effect of Violating Visual Conventions of a Website on User Performance and Disorientation[C]//Proceedings of the 26th Annual ACM International Conference on Design of Communication. New York: ACM Press, 2008: 47.

后 记

　　本书建立在我的博士论文基础之上，在东南大学硕博连读的这八年时光中的点滴思考均汇聚在这本书的字里行间。本书不仅是我攻博期间的个人成果，也凝结了亲情与友谊。

　　首先感谢我的博士生导师薛澄岐教授对我学术上的训诫和指引。攻博期间能够作为核心参与者完成了国家自然科学基金项目和装备技术基础项目，是导师对我个人能力的极大肯定与栽培。导师对于工业设计学科研究方向高屋建瓴的精准把控、对于学术及项目工作臻于完美的追求、对于生活及家庭的热爱与投入、对于学生的关怀，让我心怀钦佩与感念。本书从选题到框架调整及理论研究内容修改倾注了导师大量的时间与精力。感谢东南大学王海燕老师对我学术上的指导和生活上的关爱。王老师的关怀与点拨如春风化雨，总能让我在点滴的交流之中收获良多。

　　感谢我在多伦多大学认知工程实验室联合培养的十六个月时光。感谢 Greg Jamieson 教授对我学术的指导与帮助。记得刚进组时由于"文化休克"，我对异国的生活和学习倍感忧虑和无助。Jamieson 教授对我生活上的关心和帮助让我在异国他乡感受到了一股暖流。他对学术的严谨和对生活的炽爱更是让我深感敬佩。在多伦多求学的那段时间我受到了系统的科学研究训练，同时多伦多这座城市亦承载了我读博期间内心最孤独和动荡的记忆。我深深怀念那段时光，感谢这座城市最终包容了我，让我收获了内心的平和与安宁。感谢我的终生良师高建红老师对我自信心的塑造，以及对我心怀感恩和乐观向上的人格品质的感染。这些良好的品质让我在今后为人和求学的道路上获益匪浅，高老师让我见到了为人师表最美好的模样。感谢南京邮电大学传媒与艺术学院诸位同事对本书出版的支持和对我科研工作的协助。

　　同时，本课题的完成离不开东南大学工业设计系各位青年教师、博士和硕士师弟师妹的帮助。在此，特别感谢牛亚峰副教授、吴闻宇老师、王文陆师弟、邓方禹师

212

弟、宋怜芯师妹、杨周宇师妹、胡雪师妹、朱芷曼师妹和付陈栋鑫师弟对本书实验部分作出的贡献。感谢所有参与实验研究的志愿者们为书中理论验证提供的最可靠、最翔实的数据支持。感谢工业设计系所有博士同门对我的精神鼓舞与陪伴。

感谢我的父母对我无尽的宠爱和学术科研工作的支持。过往的二十三年，母亲几乎一直伴我求学，对我生活无微不至的照料与关爱，让我可以心无负累地走在求学的道路上。本书的出版也是我对母亲的承诺。但在本书即将成稿之际，母亲罹患癌症病逝。未让母亲亲历与见证本书的付梓与出版，将会是我一生的愧疚与遗憾。此书将作为献给母亲最后的礼物，以告慰母亲的在天之灵。感谢吾爱陶毅先生对我工作的全力支持，感谢吾儿瑀安带给我希望和动力，让我在人生最灰暗的时刻铆足了劲儿地把自己拔起来。感谢我将一生热爱并坚持的跑步运动！

最后，特别感谢教育部人文社科基金和南京邮电大学对本书出版的资助，感谢国家自然科学基金对本人博士阶段课题研究的资助，以及国家留学基金委对本人访学多伦多大学的全额资助。感谢东南大学出版社杨凡编辑为书稿排版、校稿以及出版付出的诸多努力。至此，本人博士阶段的所有成果均已出版，是时候给这段经历画上句号了。前路漫漫亦灿灿。感恩过往，感谢当下！

彭宁玥